人物形象设计专业教学丛书

形象设计概论

第 2 版
The Second Edition

周生力　主　编
郑丹彤　李清芳　副主编

化学工业出版社
·北京·

INTRODUCTION TO IMAGE DESIGN

本书主要是针对形象设计专业的特点,从形象设计的概念出发,诠释了形象设计的作用、特性、设计元素、形式美法则、构成及设计程序等内容,在知识上力求概念清晰明确、简明扼要,结构层次脉络清晰,可使读者对形象设计有一个全面系统的深入了解和认知。

本书适合于高等院校人物形象设计及相关专业的教学使用,也可供从事美容、美发、化妆品行业人员及从事人物形象设计工作的人员参考,还可作为普通高校所有专业学生的选修读本。

图书在版编目（CIP）数据

形象设计概论/周生力主编．—2版．—北京：化学工业出版社，2015.7（2022.10重印）
（人物形象设计专业教学丛书）
ISBN 978-7-122-24118-4

Ⅰ.①形… Ⅱ.①周… Ⅲ.①个人-形象-设计 Ⅳ.①B834.3

中国版本图书馆CIP数据核字（2015）第112770号

责任编辑：李彦玲　　　　　　　　　　　装帧设计：王晓宇
责任校对：边　涛

出版发行：化学工业出版社（北京市东城区青年湖南街13号　邮政编码100011）
印　　装：北京建宏印刷有限公司
787mm×1092mm　1/16　印张9¼　字数221千字　2022年10月北京第2版第8次印刷

购书咨询：010-64518888　　　　　　　售后服务：010-64518899
网　　址：http://www.cip.com.cn
凡购买本书，如有缺损质量问题，本社销售中心负责调换。

定　　价：38.00元　　　　　　　　　　　　　　　　　　版权所有　违者必究

前言

第1版教材经过近八年的时间，已广泛运用于各大职业院校形象设计专业的理论教学中，并成为部分本科服装设计专业的教学用书乃至服装表演专业硕士生专业考试指定用书。本书主要是针对形象设计专业的特点，从形象设计的概念出发，诠释了形象设计的作用、特性、设计元素、形式美法则、构成及设计程序等内容，在知识上力求概念清晰明确、简明扼要，结构层次脉络清晰，通过这一课程的学习，可对形象设计有一个全面系统的深入了解与认知。

本书的出版凝聚了所有编写人员的智慧和心血，在此，感谢参加编写工作的常州纺织服装职业技术学院、辽东学院、广东女子职业技术学院、海口经济学院、湖南大众传媒职业技术学院、山东理工大学的老师和同仁们。本书由国家一级舞美设计师、教授周生力任主编，郑丹彤、李清芳任副主编，黄娟、任洪丽、王可亲、汤爱青等参加了部分章节的编写。

由于时间仓促，且国内缺乏此类参考书籍，粗糙拙浅之处在所难免，敬请各界专家和读者朋友批评指正。

周生力
2015年4月

第1版前言

随着物质文明和精神文明不断向更高层次的推进，我国的形象设计业也随着全球的形象设计热而热起来，且发展速度之快，令人不可思议，短短几年已呈普及之势。2004年8月20日，原国家劳动和社会保障部发布了形象设计师职业，使从事人物形象设计的设计师正式成为我国社会中的新职业。

20世纪90年代末，随着行业的发展逐步进入深层次的发展阶段，对高素质人才的需求量剧增，加之关于举办职业高等教育政策的推波助澜，我国部分大专院校才陆续开设形象设计，成为我国近几年发展速度最快的热门专业之一。据统计，迄今为止，国内陆续开设形象设计专业(系)的大专院校已有近百所。而专业的建设迫切需要与之相配的适合职业发展的实用性、专业教材。正是基于这个想法，我们编写了人物形象设计专业教学丛书。《形象设计概论》作为其中的一本，主要是针对形象设计专业的特点，从形象设计的概念出发，诠释了形象设计的作用、特性、设计元素、形式美法则、构成及设计程序等内容，在知识上力求概念清晰明确、简明扼要，结构层次脉络清晰，通过这一课程的学习，可对形象设计有一个全面系统的深入了解与认知。

本书由海口经济学院艺术学院形象设计专业高级工艺美术师、教授周生力主编，海口经济学院艺术学院任洪丽、湖南大众传媒职业技术学院形象设计专业王可亲任副主编，山东理工大学美术学院汤爱青、中国人寿礼仪讲师刘庆兵等参与了部分章节的编写工作。其中任洪丽承担编写了第二章的第三节和第四章的第一节，王可亲承担编写了第一章的第三节和第五章的第三节，汤爱青承担编写了第三章的第四节，刘庆兵承担编写了第五章的第四节，何章强承担编写了第四章的第二节，其余由周生力承担编写并负责统稿工作。许鹏、胡慧、隋淑倩、陈枋、姜敏、贾欣、丁杨晨曦等同志在编写工作中也积极参与了资料收集与整理。在此，谨向以上各位参加编写的人员表示深深的敬意！

本书在编写的过程中，参考了国内外相关的论文、专著及图片，在此，一并对有关作者表示感谢！由于编者水平所限，不当之处在所难免，敬请各界专家和读者朋友批评指正。

编　者
2008年6月

目录

第一章　形象设计概述 —— 001

第一节　形象设计概念 /002
　一、形象设计的定义 /002
　二、形象设计的特性 /005
　三、形象设计的意义 /006
　四、形象设计的作用 /007
　五、形象设计的范畴 /008
第二节　形象设计的研究对象和研究方法 /009
　一、形象设计与教育 /009
　二、形象设计的研究对象 /010
　三、形象设计的研究方法 /010
第三节　形象设计的职业素质 /010
　一、形象设计的基本素质 /010
　二、形象设计师的知识技能 /012
　三、形象设计师的协调合作 /012
　四、形象设计师的经营管理意识 /013
　五、形象设计师的超越自我 /013

第二章　形象设计发展简史 —— 015

第一节　形象设计的起源 /016
第二节　西方古代形象设计发展史 /018
　一、古埃及人的形象设计 /018
　二、古希腊人的形象设计 /019
　三、古罗马人的形象设计 /020
　四、中世纪人的形象设计 /021
　五、16世纪人的形象设计 /023
　六、17世纪人的形象设计 /024
　七、18世纪法国大革命之前人的形象设计 /025
　八、18世纪法国大革命之后人的形象设计 /026
　九、19世纪人的形象设计 /028
第三节　我国古代形象设计发展史 /029
　一、先秦时期人的形象设计 /029
　二、秦汉时期人的形象设计 /030
　三、魏晋南北朝时期人的形象设计 /031
　四、隋唐五代时期人的形象设计 /033
　五、宋朝时期人的形象设计 /035
　六、辽金元时期人的形象设计 /036
　七、明朝时期人的形象设计 /038
　八、清朝时期人的形象设计 /039
第四节　现代形象设计发展概况 /040
　一、1900～1910年时期人的形象设计 /040
　二、1910～1920年时期人的形象设计 /041
　三、1920～1930年时期人的形象设计 /042
　四、1930～1940年时期人的形象设计 /044
　五、1940～1950年时期人的形象设计 /045
　六、1950～1960年时期人的形象设计 /046
　七、1960～1970年时期人的形象设计 /047
　八、1970～1980年时期人的形象设计 /048
　九、1980～1990年时期人的形象设计 /050
　十、1990～2000年时期人的形象设计 /050

第三章　形象设计的设计元素 —— 053

第一节　形象设计的形态元素 /054
　一、点 /054
　二、线 /055
　三、面 /056
　四、体 /058
第二节　形象设计的色彩元素 /059
　一、色彩的概念 /059
　二、色彩的基本属性 /060

三、色彩体系 /061
四、色彩的视觉心理 /064
五、个人色彩理论 /067
六、色彩搭配的形式原则 /071
七、流行色 /072
第三节 形象设计的光线元素 /074
一、光的基本性质和视觉传达 /074
二、光的造型 /074
三、光量 /075
第四节 形象设计的肌理元素 /077
一、肌理的美感 /077
二、肌理在形象设计中的审美表现 /077
三、形象设计中不同肌理的特征 /078
四、肌理在形象设计中的改造和运用 /081

第四章 形象设计的形式美法则 —— 083

第一节 形式美的构成法则 /084
一、比例与尺度 /084
二、对称与均衡 /086
三、节奏与韵律 /087
四、整齐一律与多样统一 /089
第二节 形象设计的错视及其利用 /091
一、图形错视 /091
二、色彩错视 /093
三、错视在形象设计中的利用 /094

第五章 形象设计的构成 —— 097

第一节 发型设计 /098
一、发型设计的表现 /098
二、发型设计要素 /098
三、发型的分类 /099
四、发型的特性 /100
五、发型设计与头面部结构 /101
六、发型设计与体型 /104
七、发型在形象设计中的地位与作用 /104
第二节 化妆设计 /105
一、化妆设计的概念与特点 /105
二、化妆设计的意义与作用 /106
三、化妆设计的美学原则 /107
四、化妆的分类 /107
五、化妆色的搭配 /108
六、化妆色与光色 /108
七、面部五官的审美与特征 /109
八、化妆工具与化妆品 /110
九、化妆设计的程序 /110
第三节 服饰设计 /112
一、服装设计的概念 /112
二、服装的分类 /113
三、服装设计三要素 /114
四、服装设计的特性 /114
五、服装造型与结构设计 /115
六、服装款式的选择 /116
七、服饰色彩的搭配 /117
八、饰品的种类与选择 /118
第四节 仪态塑造 /120
一、礼仪概述 /120
二、体态塑造 /121
三、仪容修饰 /125
四、服饰礼仪 /126
五、礼仪界域 /128
六、气质风度 /129

第六章 形象设计的程序 —— 131

第一节 形象设计的构思 /132
一、构思灵感的来源 /132
二、引发构思的过程 /133
三、设计主题的确定 /133
四、设计构思的表达 /134
第二节 形象设计的定位 /136
一、形象设计定位的含义 /136
二、形象的观察与了解 /136
三、形象的原型分析与确定 /136
四、整体形象的定位 /137
第三节 形象设计的立体实施 /138
一、立体实施的过程 /138
二、立体实施的进入方式 /138

参考文献 —— 141

Introduction to Image Design

第一章 / 形象设计概述

学习目标

理解和掌握形象设计的基本概念、特性、意义、作用等内容，了解形象设计的研究对象和方法，理解有关形象设计师的职业素质。

Chapter 01

第一节　形象设计概念

一、形象设计的定义

在当今人才日益激烈的竞争时代，个人形象已成为人才素质的重要组成部分，人人都需要形象设计，渴望美、追求美再也没有像今天这样成为时尚。于是，大街小巷中，"形象设计中心""形象设计工作室""形象设计公司"这类的招牌如雨后春笋般涌现，形成一道亮丽的城市风景线。"形象设计"一时成为时髦名词，叫人误认为美容美发似乎就是形象设计了。那么，这是否就是形象设计呢？可以肯定地说，街边的洗头房不是形象设计，巷尾的裁缝店也不是形象设计，装饰豪华的美容院更不是形象设计。要说什么是形象设计，就要正确认识什么是形象，理解什么是设计，因为形象设计是现代艺术设计的一部分。

1. 形象

"形象"为合成词，由"形"与"象"两个词构成。《荀子·天论》云："形具而神生。"英语中与汉语的形象一词对应的是"image"，这个词有"偶像、形象"等多种含义，形象设计只取其"形象"这个含义。《辞海》中对"形象"一词有两个解释：① 指形体、形状、相貌。② 指文学艺术区别于科学的一种反映现实的特殊手段。《现代汉语词典》解释为"能引起人的思想和情感活动的具体形状或姿态"。因此，形象的含义从广义上看是指人和物，包括社会的、自然的环境和景物；从狭义上看专指具体人的形体、相貌、气质、行为以及思想品德所构成的综合整体形象。通俗地讲就是一个人的相貌、体态、服饰、行为、风度、礼仪、品质、心灵、情操等可感知的视觉化综合表现，它无时不在地诉说着每个人的审美情趣、价值观、人生观，体现出每个人特有的风格。自古以来，人们眼中美的形象总是从整体来判断的。如："着我绣夹裙，事事四五通。足下蹑丝履，头上玳瑁光。腰若流纨素，耳着明月珰。指如削葱根，口如含朱丹。纤纤作细步，精妙世无双。"可见只有形、神、质的完美结合，形象才是美的。形象即社会公众对个体的整体印象和评价。形象是人的内在素质和外形表现的综合反映。早在20世纪50年代，"形象"就出现在当时美国社会各阶层中，对于本身的信誉十分看重，尤其是工商企业界及政界人士纷纷有计划地塑造良好的个人形象。

2. 设计

"设计"一词，英语写作Design，初译为"图案"。这个词源于拉丁语的Dē signāre，原意为用记号来表现计划。《辞海》中解释为：设置、筹划，根据一定的目的要求，预先制定出方案、图样等。《汉语大词典》解释"设计"这个词的含义说："根据一定要求，对某项工作预先制定图样、方案。"这个解释说明设计的基础是美术，但设计又不是纯美术。纯美术作品是一次性完成的艺术，画家的造型表达出来了，也就完成了创作。而设计只是造型计划，即成品的蓝图，还要根据它进行施工，经过工艺流程，最后才完成创作。设计是集体完成的作品，设计者只是第一位创作者，但不是作品的最后完成者，创意是设计的灵魂，其目的是运用不同的手段来表现新的形象。形象设计也一样，一次完美的形象设计，往往是设计者带领发型师、化妆师、服装师等共同来完成的。发型设计、妆型设计、服饰设计、仪态塑造是形象设计的重要构成部分。

3.形象设计

形象设计（Image design）是研究人的外观与造型的视觉传达设计，是艺术与设计的交叉学科，又称形象塑造（Image-building），它最早源于舞台中的人物造型设计，后来被时装表演界人士使用，用于时装表演前为模特设计发型、化妆、服饰的整体组合，随即发展成为特定消费者所作的相似性质的服务。人类在其艺术生活中创造了舞台表演的艺术形式，其中对表演者进行符合角色的外表设计，已成为舞台表演中不可缺少的一个重要环节；在银幕和屏幕中光彩照人的形象，也都是通过形象设计手段创造出来的。早期的优秀形象设计师不是化妆师或美容师，而是服装设计师，这是因为在人的外观和造型中，服饰占据了大部分的比例。世界服装大师纪梵希为好莱坞影星奥黛丽·赫本在银幕上塑造的清新美丽、优雅大方的形象就是一个成功的范例（图1-1）。而在现实生活中，随着社会经济、文化的发展和人类审美水平的不断提高，形象设计已从一种艺术创造手段，演变为人们的一种生活模式，并发展成一种新的文化形态。由此来看，形象设计不仅丰富美化了人们的日常生活，更扩展了艺术创造的空间。

图1-1　纪梵希为奥黛丽·赫本在影片《蒂凡尼的早餐》中设计的形象

由于形象设计不但有消费者构成市场需求，而且化妆美容用品以及服饰厂商都可以借用它作为促销手段，因此，在国际上发展极快。在美国，形象设计已经是与商业紧密结合的产业，其设计形态已达到生活设计阶段，即以人为本，以创造新的生活方式和适应人的个性为目的，并对人的思想和行为做深入的研究。国内自20世纪80年代末以来，也出现不少从事形象设计工作的人员。他们一般是由美容、美发、化妆、服装（饰品）设计等职业中分流出来的。这些人员逐渐从业余到专业，从擅长一门（或化妆或美发或服装或饰品）到注重整体，取得了长足

图1-2 化妆

的进步和社会的认同。我国的形象设计业和国外相比虽然起步较晚,但是随着人们对美的认识和要求不断增强,市场需求越来越大,形象设计职业也越来越热。

从职业性质角度分析,形象设计师与化妆师、美容师之间的关系为:三者既有联系又有区别。其共同点为:都是以"人"作为其服务对象,以改变"人的外在形象"为最终目的。主要区别在于:美容师的主要工作是对人的面部及身体皮肤进行美化,主要工作方式是护理、保养;化妆师的主要工作是对影视、演员和普通顾客的头面部等身体局部进行化妆,主要工作方式为局部造型、色彩设计;形象设计师的主要工作是按照一定的目的,对人物、化妆、发型、服饰、礼仪、体态语及环境等众多因素进行整体组合,主要工作方式为综合设计。从社会历史发展过程分析,形象设计师与化妆师、美容师之间的关系为:人类对自身形象的美化,最早出现的是"化妆"(图1-2),人们通过在人体上描绘、涂抹各种颜色及图案来达到一种特殊的视觉美感或其他的目的。随后,"服饰"(图1-3)、"美发"(图1-4)、"美容""美甲"(图1-5)等逐渐加进来,使得与美化人体形象相关的社会职业分工越来越细化。形象设计师则是这一组合中的最高层次,是整个人体形象美化工程的先导环节,也可以说是各相关职业的整合。

图1-3 服饰

图1-4 美发

图1-5 美甲

形象设计是一个整体的观念,是一个系统工程,不仅仅指对人的外形包装,它更强调内外一致。"内"是指一个人内在的气质、美好的心灵、优良的品质、丰富的知识、高雅的品位、一定的艺术修养。"外"是指通过运用专业技巧,使一个人的外在形象与他的年龄、身材、性格、环境等各方面相协调。形象设计就是要完成从外形到神态、谈吐及行为举止的全方位塑造。一个人的形象设计成功与否,不在于如何在外貌上鹤立鸡群、独压群芳,而在于如何使人格理想、精神境界得到完美的展现。所以形象设计要充分考虑人物的职业、气质、环境等诸多因素,缺一不可。

综上所述，我们可以这样说：形象设计是运用视觉元素塑造人的外观，并通过视觉冲击形成视觉优选，从而引起心理美感和判断的综合性视觉传达设计，是将美学、美容、化妆、美发、美体、美甲、服饰装扮、体态语等综合于一体，运用造型艺术手段，通过美容化妆、发型、服装服饰、言谈举止等综合营造，设计出符合人物身份、修养、职业、年龄的个性形象，是对一个人由内到外的全方位塑造，以达到人物内在素质与外在形象的完美结合。

二、形象设计的特性

形象设计既然是运用视觉元素塑造的外形，并通过视觉冲击造成视觉优选，从而引起心理美感和判断的一种综合性视觉传达设计。因此，它的特点也离不开视觉元素的特点。

1.形象设计的直观性

从视觉的角度来看，形象设计的特点首先体现在直观性上。形象设计是视觉艺术，它是一种形象呈现。五彩斑斓的大千世界，只有通过人们的眼睛才能形成印象，在这个过程中，视觉信息传达的唯一渠道便是眼睛。因此，只有眼睛能够见到的东西，才能被设计进而感知。现代科学研究证明，在全部送到人脑的信息中，87%是由眼睛传送，9%经由耳朵传送，4%由其他器官传送。实验证明：在同一单位时间之内，眼睛接收的信息量为耳朵接收信息量的30倍。用眼睛直观地接收外来信息，是人类接触和感知世界的主要手段，也是形象设计的一个重要特征。正是形象设计这个直观性特点，必须要求形象设计定位后，这个形象是相对稳定的。

2.形象设计的表象性

形象设计只能提供给欣赏者一个形象，要想把握这个形象，就只好依赖于表象。表象性是形象设计的又一特点，表象是一种视觉和心灵的感受。正如莎士比亚所说："如果我们沉默不语，我们的衣裳与体态也会泄漏我们过去的经历。"形象设计中表象性的意义就在于通过发型、妆型、服饰、体态等表象的事物，来反映这个形象内在的东西。形象设计的审美，一方面在于它与人的自然形体融为一体，表现人的外在美；另一方面它要与人的气质、性格、思想、情趣、爱好等相适应，表现人的内在美。而内在美总是通过外在美来取得最佳结合点，当服饰、体态、气质三者和谐统一时，形象设计才是成功的。

3.形象设计的兼容性

形象设计的兼容性是有目共睹的，它是艺术与技术相结合的新兴设计学科。在现代社会里，形象设计不仅仅是做个发型、化个妆、穿件衣服的事。它是集美学、色彩学、生理学、物理学、化学、艺术学、心理学、体态语言学、造型设计，乃至交际礼仪、文化修养、个人品位等多门学科为一体的综合性实用学科。近些年来，计算机这一高科技的产物，也与形象设计联姻，街头巷尾经常可以看到的计算机形象设计，已经成为一道城市新兴的亮丽风景线。此外，整形医学这种高难度的医学艺术，也成为形象设计中不可或缺的一个组成部分。

4.形象设计的具象性

构成形象设计的四大支柱——发型、妆型、服型、仪态，它们无一不是具象的。因此，具象性也是形象设计的一个特点。视觉具象性的意义体现在它给形象设计提供了典型的细节。具象的细节可借一斑略知全豹，以一目尽传精神，展现生活中深层的奥秘，反映事物的本质，是构成形象的基本元素和必要条件。

5. 形象设计的个性化

自然界的美，无一不是通过独特的个性表现出来的。人也一样，个性使一个人成其为自身，是一个人最能令他人印象深刻的东西。因此，个性化是形象设计美的最高境界。形象设计就是调动一个人所有与形象有关的因素，进行组合与搭配，从而形成一种风格。形象设计不是雪中送炭，而是锦上添花。重要的是从心理的角度找到最适合个性的包装，从环境限制的范围找到最适合个性的定位。每个设计师在做形象设计的时候，都应该注意到：形象设计是人工的产物，而人的身体则是无法改变的。某些缺点也许就是个性的体现，有些需要掩饰，有些则需要衬托，这正是形象设计的本原。

三、形象设计的意义

形象设计是通过对主体原有的不完善形象进行改造或重新构建，来达到有利于主体的目的。虽然这种改造或重建工作可以在较短的时间内完成，但是客观环境对于主体的新形象的确认则有一个较长的过程，并非一朝一夕之事。

形象设计是人类文明的重要标志之一。个人形象设计随着人们精神需求和审美要求而不断攀高，需要设计师与时俱进。人的审美进程由最初对人的第一特性的崇拜发展到对人的第二特征的欣赏，随着人类精神生活的提高，又注重人的第三特性的追求——对气质和品位的追求，这种追求尤其表现在现代人的审美观上。个人形象设计的本质是对个人形象的完善和提升，帮助个人提高自信，追求品位，找到自我，而不同于文学艺术形象的塑造，也不是模仿和复制，这是社会物质文明和精神文明高度发展的需要和必然结果。

通常所说的形象设计主要是针对人或物的外表进行包装和塑造。形象设计主要包括个人形象、群体形象（含城市形象、国家形象）和以人为核心的外在景观。就个人来说，它体现着一个人的文化素质和生活态度；对于公司企业来说，它标志着一个企业的兴衰成败；对于一个城市来说，它还会影响到其经济文化的发展速度。因此，形象设计不仅个体意义重大，社会意义也不容忽视。当今小到公司企业，大到城市国家，都已经或正在兴起一股形象包装的热潮。

1. 形象设计能给人带来自豪感和主观幸福感

形象设计的过程是人的本质力量对象化的过程，使人将自己的物质力量和精神力量物化于对象（有时是自身，或结果是自身）的过程。单以个人形象设计来说，设计师通过对个人进行包装和塑造后所呈现的整体效果，主要包括人的内在形象设计，如品质、个性、气质、能力等，以及人的外在形象设计，如仪容、仪表、仪态、言谈等。是综合个人的职业、性格、气质、年龄、体型、脸型、肤色、发质等因素，对一个人全方位多维度地进行美化，通过仪容、仪表、仪态，以及礼仪规范的完美结合，来呈现一个人在社会群体体系中特定的地位、身份等，也就是其在社会环境中所充当的角色。在生活中，人们往往通过一个人的形象来判断其年龄、身份、性格等，并予以相应的交往与沟通。正如我们常说的"7/38/55"定律：对于一个人的认知，有7%是通过其语言，38%是通过其肢体动作，而另外的55%则是依据其外表装扮。人的自由感、快乐感、幸福感既来自主体以外的对象世界，更来自主体自身，所设计的形象得到他人、社会的认同，就会在人的内心产生一种自豪感和主观幸福感。

2. 具有审美价值的形象设计能引起人的感官快感和心灵喜悦

形象设计与形象审美是对立而统一的两个方面，即授者与受者的对立统一。当所设计的形象符合受者的审美需求、需要，并与之相统一时，就会引起受者的形象审美愉悦。这种审美感受广泛存在于人们生活的各个方面，个人的形象主要表现在发型、化妆、服饰及仪态等方面，因个人的形象是千差万别的，受个人的生理性和社会性的差异以及环境的变化等条件所制约，决定了形象设计需以生理性和社会性相结合，把握动态的多样性原则，并合乎一般审美原则。生理性表现在人的自然本色，要扬长避短，做到形象要合体；社会性表现在人的社会活动范围，做好角色变换，形象要合适；动态性表现在环境的变化，形象要与之和谐。

3. 塑造良好的形象能获得更多的发展机遇和发展空间

当今社会已进入信息时代，人才竞争越来越激烈，要想在激烈的竞争中赢得一席之地，必须掌握竞争手段，提高竞争能力，而形象设计原则是竞争手段中不可忽视的重要部分。人的存在是生物性的，更是社会性的，人的成长过程也就是其与社会不断靠近，社会关系不断扩展、丰富、创新的过程。从狭小的家庭关系，到更为广大的工作关系以及其他一些社会关系等，这些关系的维持都是通过个人的形象作为交往的"凭证""符号"，让他人接受、认同。在现代社会，具有良好形象的人，可以获得他人、社会的信任、支持、友情，更容易取得成功。个人形象就像个人职业生涯乐章上的跳跃音符，和着主旋律会给人创意的惊奇和美好的感觉，脱离主旋律的奇异或不适合的符号会打破个人韵律的和谐，给自己的个人成功带来负面影响。一个人良好的形象，不光是把自己打扮成多么美丽、英俊，最主要的是要做到自身发型、服饰、气质、言谈举止与职业、场合、地位以及性格相吻合。形象设计的目的不是为了追求外在的美，而是为了辅助事业的发展，展示给人们你的力量和成功的潜力。这一点与企业CI设计十分相似，都是为了长远未来的发展。在今天这个飞速发展的高科技时代，我们有机会通过电视等媒体接触世界，"形象"变得比任何时期都要重要！

形象设计的最高境界为自然，最高标准为形神兼备，最终目的为满足社会与人的精神需求。随着经济的繁荣、社会的进步，人们对个人形象设计的审美也随之发生变化，对形象设计的要求将呈现多元化。随着形象设计事业的发展，一个民族性与国际性相融的生动局面将随之逐渐形成，展现在我们眼前的将是一个无比美丽的世界。

四、形象设计的作用

树立良好的个人形象对于现代人具有特别重要的作用，良好的个人形象能促进事业、生活的发展，能促进人际关系的发展，能提高生活的品质，能提升个人的综合素质。从社会功能来讲，个人形象有识别、归类、吸引的作用等。个人形象涵盖面的扩大化肯定与个人成功越来越密切，因此，忽略形象设计在个人生涯中的重要作用将会使我们失去很多的机会。

1. 识别的作用

形象不是一个简单的服饰、外表、长相、发型、化妆的组合概念，而是一个人在社会上所获得的他人的评价和印象，是一个人外表与内在结合的、在流动中留下的印象，是外界对我们的印象和评价的总和。形象的内容宽广而丰富，它包括你的穿着、言行、举止、修养、生活方式、知识层次、家庭出身、住在哪里、开什么车、和什么人交朋友等。它们在清楚地为你下着定义——无声而准确地在讲述你的故事——你是谁、你的社会位置、你如何生活、你是否有发展前途……

2. 归类的作用

在人际交往中，一般人通常根据最初印象而将他人加以归类，然后再从这一类别系统中对这个人加以推论并作出判断。人与人之间的相互交往、人际关系的建立，往往是根据对别人的印象所形成的论断。良好的形象往往能够为自己加分，我们总有这样一种感觉，对某个人印象好的时候，就会对他评价高并且今后会再次与他合作。相反，如果对方没有给自己留下什么好印象，你就会对他感到不快，甚至厌恶或同朋友们谈及此人时，你甚至会表现出对他的不满意，这就是一个人形象的重要性。一个人的形象是一个人的"名片"，对自己走向成功能起到极好的推动作用。对于那些追求成功的人，创立一个可信任的、有竞争力、积极向上、有时代感的形象，无论你在什么群体中都能获取公众的信任，从而脱颖而出。

3. 吸引的作用

形象吸引力是一个人与他人交往过程中将对方注意力引到自己方面来的一种心理影响力，即吸引人，引起别人的注意。它是人与人之间在认知、情感、品格等方面表现出来的一种亲近现象。说到形象对人产生的吸引，人们很容易联想到"以貌取人"。从实质上讲，人的外貌与人的学识水平、文化修养、才能品格并不存在必然的联系，然而作为具有社会属性的人，经过人类文化的熏陶，总是具有一定的审美能力，那些长相俊俏、衣着讲究、气度高雅的人，总给人以愉悦之感；反之，容貌丑陋，不修边幅，没有一点气质风度的人，不可能给人留下良好的第一印象。

从个人的角度来讲，形象设计还具有掩饰或矫正形体缺陷，增加美感、增加生命活力的作用，能立刻唤起你内在沉积的优良素质，通过你的穿着、微笑、目光接触、握手，一举一动，让你恰到好处地展示出高雅的气质和优雅的风度。

五、形象设计的范畴

形象设计是现代设计的一部分。现代设计的领域很宽广，凡是要经过工艺制作过程的造型，或通过第三者来体现构思的，都可以称之为设计。一般来说，不同时代，对设计的理解侧重点不一样。由包豪斯继承而来的现代主义设计，重视设计观念的功能化、理性化。第二次世界大战后出现的国际主义设计，是现代主义设计的新发展。在设计理念上，将理性主义、功能主义推向极致；在设计形式上，追求的是单纯化、简约化。20世纪60年代出现的后现代主义设计，则注重设计的人情味、历史感、娱乐性和象征性。现代科技的发展，特别是在光学、医学、生理学、心理学等几大领域中的进步，使人们对设计有了更深刻的认识。著名美籍华裔设计理论家王受之教授认为："所谓设计，指的是一种计划、规划、设想，将问题的解决方法通过视觉的方式传达出来的活动过程。"突出视觉传达在设计中的关键作用。人们把这种物质世界通过视觉在心理上产生作用的设计程序称为"视觉传达设计"。

视觉传达设计是艺术与技术的统一，它的本质是人们对世界感知的视觉信息传达过程。形象设计正是运用视觉元素的设计手段，通过人的视觉冲击力造成视觉优选，从而引起心理美感与判断的视觉信息传达过程。可以断定，形象设计是一种视觉传达设计。视觉元素（形态、色彩、光线、肌理）也就是形象设计元素。形象设计是涉及艺术和技术，如美学、化妆、服装、生理、医学、物理、化学、体态语言等多门学科的一门边缘性学科。从形象设计的整个流程来看，要经历两个环节：平面设计创意与立体设计实施。在这个过程中，还可以根据需要任意转换时空，如少变老、女变男等。因此，形象设计显然属于综合设计范畴。

第二节　形象设计的研究对象和研究方法

一、形象设计与教育

随着物质文明和精神文明不断向更高层次的推进，我国的形象设计业也随着全球的形象设计热而热起来，且发展速度之快，令人不可思议，短短几年已呈普及之势。伴随着形象设计热的大潮，一个新兴的教育范畴——"形象设计职业教育"也应运而生了。它不仅是培养形象设计艺术人才的摇篮，也是提高行业整体素质的必然途径。形象设计教育还担负着让所有爱美之人，有技巧地展示自身之美的历史使命。

形象设计起源很早，人类自产生以来，在同自然界的长期斗争中，不断塑造和完善着自己的形象，进入文明社会后，人类对自我生理形象的修饰美化已成为一种有自觉意识的行为。随着科学技术的进步，与形象设计有关的边缘学科，对其与形象设计有关的内容多有研究。这些边缘学科有社会学、心理学、生理学、艺术学、体态语言学、公共关系学、传播学、人文地理学、哲学、美学、设计学、色彩学、服装学、物理学、化学、医学、文化人类学、民族学、文化生活史、美容美发技术等。为了对形象的修饰美化意识进行较为系统的研究，就必须把分散于各边缘学科中的研究成果综合起来，加以整理并形成体系，使之成为一门综合性很强并具有边缘性质的独立的学科。

形象设计属于美容美发行业发展的一个更高层次。是将美容、美发、美体、美甲、服饰穿佩艺术等综合于一体，为被服务对象提供更完美的形象设计和功能性服务的高尚职业。国外的形象设计专业是很受人们器重的行业。在欧美、日本等发达国家，美容美发大师的收入排名目前已跃居前5位。在这些国家，具有世界一流水平的顶级美容美发形象设计大师们，不但其收入极为丰厚，而且他们的社会地位也极高，受到世人普遍的尊重和崇拜。如日本、韩国就有50所以上的这类大学，从业人员也很有社会地位，受人尊敬。在我国，20世纪90年代初期，就有人开始探索美容美发高等教育，但由于学历的体制问题以及人们的观念问题，并没有形成气候。20世纪90年代末，随着行业的发展逐步进入深层次的阶段，对高素质人才的需求量剧增，加之关于举办职业高等教育政策的推波助澜，我国兴起了一批开设大专学历的形象设计、美容医学、专业化妆与美容等专业。1999年是中国教育事业探索改革之路迈向前的"大进"之年，全国范围内的各级各类高等院校全面扩大招生范围，让更多的莘莘学子得以进入大学课堂。与此同时，国家教育职能部门也提出了兴办"职业高等教育"的新思路，为形象设计职业教育由短期的技能培训朝着学历教育转变提供了一个良好的契机。据统计，迄今为止，国内陆续开设形象设计专业（系）的大专院校已有近百所。这将进一步提升我国的形象设计、美容美发等领域高等职业技术教育的水平，全面推动行业在新世纪的发展进程。

毫无讳言，将美容美发这一普通专业提升至形象设计，有赖于这一行业已有的迅猛发展和巨大的未来发展空间。形象设计的发展要超越过去，实现新的突破，必须依靠一大批高层次、高素质、高水平的专业人才的参与和努力，才能把形象设计引向一个更高层次的发展阶段，全面提升行业的整体形象和水平。重视和发展形象设计教育事业，是培养高技能、高素质，适应时代精神文明建设需要的仪态造型师、化妆师、发型师和形象设计师的必然。

二、形象设计的研究对象

个人形象设计的研究对象可从两个视角来探讨。

1. 从自然科学的视角探讨

其研究对象为塑造外在形象的形体、发型、化妆、服装及饰品等。以外在形象研究时，就要研究其材料、形态、色彩、构造等物质的内容，以及用途、用法、机能、效果等物质的价值。

2. 从人文科学的视角探讨

其研究对象为塑造内在形象的礼仪、体态、言谈举止、气质风度及场合等。以内在形象研究时，就要研究其如何有效运用形象来处理与团体、自然、社会之间的关系。

三、形象设计的研究方法

1. 系统性研究

任何学科都与其他学科或多或少的有一定关联性。形象设计作为横跨自然学科、社会学科、人文学科几大领域的边缘学科，研究时就必须把分散于各边缘学科中的研究成果综合起来，加以整理并形成体系。

2. 理论性研究

任何学科都有其基础理论和要遵循的研究法则。形象设计的研究首先要从理论知识入手，其内容包括基础理论，如形象设计造型基础、形象设计概论、形象色彩学、形象设计美学等；专业理论，如发型设计、化妆设计、服饰设计、仪态塑造、整体形象设计等。

3. 实践性研究

形象设计是一门实践性很强的学科，只有通过不断的实践才能真正认识，才能获得更多的直接经验，才能设计出好的形象，这必须是建立在理论科学基础之上。因此，形象设计的实践性研究可以采用理论与实践相结合的方式进行，也可采用模块式学习的方式，在理论学习的每一个阶段，都要紧跟着进行实践。形成理论知识逐层深入的同时，实践技能也呈循序渐进逐步提升的态势，切忌手高眼低或是眼高手低。

第三节　形象设计的职业素质

一、形象设计的基本素质

形象设计师（Image Designer）是人物形象塑造的主体，其基本素质既包含专业方面、心理方面的，也包含先天的自然素质和来自后天培养训练的素质。其中观察力、记忆力和思维能力是最重要的部分，这些能力决定了形象设计师的客观条件和可塑性的程度。成功的设计师应具备的特质、能力和条件主要有以下几点。

1. 观察感受能力

现代社会环境的变迁在日益加速，一个设计师必须培养自己以强烈的敏锐感觉和好奇心去观察周围的环境，思考变化着的生活中的一切，敢于打破旧规，标新立异，不断从设计的角度创造和突破约定俗成的观念和形式。设计师的观察感受能力是设计创作的基础，好奇心能激发设计师的创造欲望；感性能促使设计师关心周围世界，对美学形态及周围文化环境的意义怀有浓厚的兴趣。

2. 创新思维的能力

作为一位设计师，在学习过程中可以从书本学得理论知识，或从模仿他人的设计来培养、丰富自己的知识和技能，但仅仅依靠这些是不能获得成功的。设计师应该突破固有的思维模式，从思维方法上养成创新的习惯，并将其贯彻到设计实践中，设计的本质是创造，设计创造始于设计师的创造性设计思维。在寻求问题的最佳解决方案时，有一种坚韧的独创精神和热情的想象力。这一点必须在不断的学习积累中积极探索，才能使设计师真正具有构想的灵感和发明创造的能力，使其设计永远具有生命力。

3. 专业设计能力

设计师的专业能力能够实现设计观念，完成设计过程的操作。设计师要想把自己的创意表达出来，需要具备全面的专业能力，这些专业设计能力能够帮助设计构想的表达。如果没有扎实的绘画造型的基本功，就无法表达出自己的设计意图，也无法使设计构想付诸实现。

4. 美学修养和鉴赏能力

美学与现代设计基本理论知识以及更广泛的边缘学科知识，能使设计师拥有更加丰厚的美学修养。作为设计师，应该有很强的审美和鉴赏能力。这种能力的提高，并非一朝一夕所能做到，要依靠平时多方面艺术修养和设计专业知识的积累，特别需要在创作时多分析美的来源，并灵活地将自己的理解通过作品表现出来。另外，经常有意识地留心观察身边各种成功或失败的设计，并从中总结好的经验和失败的教训，只有这样才能使自己的审美能力达到一定的高度。

5. 对时尚的把握能力

一个优秀的形象设计师应随时关注时尚的变化，这种把握时尚的能力所根据的许多因素，是通过周详严谨的市场调查而来的。但它不仅仅是通过单纯的数字统计得来，而是要在掌握消费需求的基础上，有针对性地分析消费者的性别、年龄、文化水平、生活习惯、金钱收入及居住环境等因素，从而帮助消费者完成对个人形象的完善和提升，使其提高自信，追求品位，找到自我。

此外，形象设计师还应具有社会责任感和经济意识。设计人员是社会工作者，他的设计首要考虑的不是自我，而是社会。这点体现在设计中，就是通过设计活动为社会取得很好的社会效益。形象设计发展是经济发达后的产物，埋头于设计而不熟悉经济发展状态是肯定不会有前途的。

二、形象设计师的知识技能

1.设计师的知识结构

形象设计是多种学科高度交叉的综合型学科。它与艺术、自然科学、社会科学相关。随着工业化时代的到来,特别是随着信息化时代的来临,自然科学、人文科学与社会学知识技能在设计师的才能修养中占据日益重要的位置。包豪斯为适应现代社会的发展,提出的现代设计教育体系,使一大批设计师既有美术技能,又有科技应用知识技能。

2.设计师的艺术与设计知识技能

形象设计师首先需要掌握艺术与设计的知识技能,包括造型基础技能、专业设计技能及与设计相关的理论知识。如今设计领域发展很快,不同的设计师在这些技能方面有不同的要求,但是它们之间有许多相通之处。

① 造型基础技能是以训练设计师的形态与空间认识能力与表现能力为核心,为培养设计师的设计意识、设计思维、设计表达与设计创造能力奠定基础。造型基础技能包括设计素描、色彩、速写、构成等,这些训练能够为设计奠定很扎实的造型基础和艺术感悟力。

② 专业设计技能包括发型设计、妆型设计、服饰设计、仪态塑造等。其中每一类都有更细的专业技能,各设计技能虽有差异,但是并没有绝对的界限,而是互相渗透的。

③ 艺术设计理论是指形象设计师应该掌握中外发型、化妆、服装史、设计概论、色彩学、服装学、化妆品化学、美学等。这些理论基础能够拓宽设计师的思维,开阔视野,加强文化艺术修养,使设计师真正做到"厚积而薄发"。

3.设计师的自然科技与人文社会知识技能

形象设计的发展还需要不同的学科支持,这就要求设计师还要了解自然科学的物理学、材料学等,人文社会科学的经济学、消费心理学、传播学、管理学和创作学等。

三、形象设计师的协调合作

1.设计师之间的协调合作

形象设计师按专业分为发型师、化妆师、服装设计师、服饰搭配师、仪态塑造指导等。在规模不同的设计机构,设计师层次划分情况也不相同,规模大则划分清楚,规模小则划分模糊、简化。在任何一个设计团队中,每个设计师定位都有各自的特点,他们的工作内容和责任素质都不相同。一般分为如下几种。

设计总监对全局把握控制的能力较强,具备很高的综合素质和很强的组织管理能力,善于协调各种关系。具有广博的知识面,熟悉掌握企业经营管理、设计学、系统论、创造学、心理学及国家有关政策法规等多方面的知识,对企业的发展战略与策略有建设性的见解,一般由工作多年、具有丰富的设计经验与社会经验的设计师来担任。

设计主管对设计总监负责,理解和贯彻设计总监的策略意图,有较高的综合素质、较强的策划组织能力与丰富的设计经验,善于解决设计过程中的各种问题,对各种设计方案有分析、判断与改进的能力。

设计师协助设计主管制定该设计项目的整体方案、策略,负责组织实施其中一部分的设计制作，具有较强的设计创意与表达能力，能独立提出设计方案，是具有一定的解决问题能力的专业人士。

设计助理主要是协助设计师完成其负责部分的设计制作。有一定的设计表达能力与较强的实际操作能力，能够理解实施设计师的创意构思。

形象设计不是一个设计师所能单独完成的，而是需要一个设计的群体联合合作、共同完成。因此每个设计师都必须相互协作，共同建立高水平设计团队。

2. 设计师与外界的协调合作

随着时代的发展，学科门类将会越分越细，设计师不可能在每一个领域都成为专家，他对许多学科知识的掌握不可能都很深入，只可能对许多学科的应用性质有不同程度的了解与掌握，依靠不同专业的人员互相协作才能更好地完成工作。设计师在与外界的协调合作中，不断接受新生事物，扩大知识范围，形成处理设计中各种复杂因素的综合能力。设计师个人知识技能的不足可以通过与其他设计师、艺术家、管理者等各方面专家的合作得到弥补，成功的设计师都是成功的合作者。因此与他人合作是设计人员的必备能力，更是优质设计的前提和保障。

3. 设计机构的资源互动

随着经济和市场的发展，设计机构呈现出多样化的模式，不仅本团队中的设计师要协调合作，各设计机构也应发扬合作精神、优势互补，资源互动，不断寻找形象设计的合作方式和分配制度，把每一个顾客的形象都按其个性全方位塑造，使其有一个良好的个人形象展示在公众面前。

四、形象设计师的经营管理意识

1. 经营意识

设计从最初的动机到最后价值的实现，都离不开经济因素，设计的经济因素在设计的不同过程中具有不同的形式和作用。设计艺术的经济特征体现在贯彻设计实践过程的多种经济因素的影响，以及设计艺术为实现其综合价值而必需的市场观念，设计的这种经济性质决定了形象设计师必须具备一定的经济知识，尤其是市场营销知识。

2. 管理意识

管理意识可以使设计师去创造设计所需的外在环境，并在宏观的市场环境中把握独特的风格和定位。设计的过程只有纳入企业管理过程中，成为企业经营管理系统中的一个重要元素，才能够最终实现其价值。在设计过程中形象设计师必须与市场、管理、技术、营销等各部门互相合作，只有具备良好的管理意识才能使设计扩展到企业经营计划和销售的全过程，才能够与管理者达成一致，以设计师的独特眼光、专业知识与经营意识，才能有效完成设计目标，协助企业共同发展。

五、形象设计师的超越自我

1. 形象设计师的理念

设计可大可小，取决于设计师的理念。形象设计师应把自己的设计与人们的需求和理想结合起来，不仅要面向市场，还要面向社会，关注社会，关注人们的真实需要，用自己的智慧与能力，为社会塑造完美的形象。因此，形象设计师要树立正确的价值观和责任感，即职业道德，这是履行社会职责的基础。遵循设计理论界提出的"适度设计""健康设计""绿色设计"等原则，防止设计对生态与环境的破坏，防止社会过于物质化，防止传统文化的葬送和人性人情的失落，防止人类的异化，使人类能够健康地、艺术地生活。

2. 形象设计师的使命

形象设计是直接服务于人的，但人不是抽象的，人与人组成了社会，形成了一个时代的具体存在方式，所以，形象设计既服务于个体的人又服务于群体的人。在经济日益发展并逐步融入全球经济的进程中，中国的形象设计师们应深入研究中华民族自身悠久的文化历史，寻找更加符合中国民族特色的现代设计语汇，去发展真正具有中国特色的形象设计。

"学无止境，艺无止境"。形象设计事业正处在世界经济、文化大发展的形势中。新潮流、新动态不断涌现，新技术、新产品不断诞生，这就要求形象设计师应不断充电，发挥各自的特长和聪明才智，脚踏实地，加强个人素质方面的建设。只有这样才能使自己不断超越自我。

复习思考题

1. 什么是形象设计？
2. 如何理解形象设计的特性？
3. 试述形象设计的意义。
4. 简述形象设计的作用。
5. 简述设计师的基本素质的内涵。
6. 如何理解形象设计师的知识技能？
7. 作为形象设计师，理论的学习对实践有何重要意义？
8. 谈谈你对"设计师应具备经营和管理意识"的看法。

Introduction to Image Design

第二章 / 形象设计发展简史

学习目标

了解形象设计的起源、中西方形象设计变化的原因和演变过程，掌握各个历史时期的形象设计特点和现代形象设计的发展。

Chapter 02

第一节　形象设计的起源

形象设计源于最初人类对自身的装饰，起源于人类对实用和审美的双重需要。虽然有些学者在论述形象设计的起源时说是源于服饰、化妆，但是，人类装饰身体的欲望远远大于用织物遮盖身体的欲望，能满足身体装饰的、简单欲望的装饰图案，比如线条的、几何形的，自然远在用织物来保护身体之前便存在了。

人类进入有意识制造工具的时期，便开始产生属于人类自身的审美意识，最早的实用工具中就带有装饰艺术的雏形。然而，如何分配剩余物质资料，就成了劳动生产力发展进程中不可回避的问题。分配制度的制定直接带来了社会等级的划分，这种等级发展到一定程度便出现了不同的阶级。私有物质资料的出现使人与人产生比照，剩余财富使人的自我意识第一次真正觉醒。它体现了从生产实践向自我认识的第一次真正回归。除了人与人之间本质体能上的区别，外在的视觉上的缀饰物可使权力的象征一目了然。人类最初打死鸟兽是为了吃它们的肉，被打死的鸟兽的许多部分，如鸟的羽毛、野兽的皮肤、脊骨、牙齿和脚爪等是不能吃的，又不能用来满足其他需要，于是就以兽皮遮掩自己的身体，把兽角加在自己的头上，把兽爪和兽牙挂在自己的颈项上，甚至把羽毛插入自己的嘴唇、耳朵或鼻中。用这些部分可以作为某种的力量、勇气或灵巧的证明和标记。

这种对人体自身形象的装饰（图2-1），直观地形成了某种权力身份标志，导致了形象艺术社会意义上的发端。当文明达到较高程度时，人类对自身形象的装饰越来越讲求社会意义，当原始人俗艳的装饰开始被先进的现代服饰所更替时，进而演化为奢华的服饰，甚至在思想上影响到统治者在建造宫室台榭时的华丽追求，以此拉开与被统治者的距离。权力与财富因此而紧密地和形象连到一起，并且形成一套越来越完整的制度系统和繁文缛节，由此产生形象的政治化社会功能。

(a)　　　　　　　　　(b)　　　　　　　　　(c)

图2-1　印第安人的装饰

爱美之心，人皆有之。人类对自身形象的装饰行为也是一种天性。这种天性中含有一条重要的真理，就是它与语言和技术一样，把人类同其他的动物区分开来。对于人类的这种天性，英国人类学家泰勒认为："首先应当指出，某些原始部落，特别是在南美热带森林中的，根据旅行家们的证言，这些部落完全过着裸体的生活。然而即使在人类最粗野的代表中，甚至在服装具有微不足道的实际意义的最热的地方，或许是由于礼貌的观念，或是为了装饰，人们通常总是在身上穿戴点什么。在那些很少或完全没有服装的地方，也有用彩色绘身的习惯。安达曼群岛的居民们，把猪油和黏土混合起来涂在身上，他们这样做是有其实际理由的，因为这层涂料可以保护皮肤，防热防蚊。但是，某些安达曼好打扮的人，把自己的半边脸涂上红色，另外半边涂上橄榄绿色，两者会合处划出一条华丽的区分线，这条线一直延伸到胸部和腹部，这显然就是为装饰了。"

毫无疑问，人类对自身形象装饰的主要目的是美观，例如，霍比人用赭石涂脸，在参加典礼时则用植物染料在身上绘彩；印度南部的图达人，成年的女性在胸、肩和上臂等部位文身；马来半岛的色曼人，不论男女身上都绘有花纹；对于新西兰人来说，没有在嘴上刺花纹被认为可耻，并且会引起厌恶性的嘲笑；明清时期直到民国以后，我国许多少数民族，主要是中南、西南的少数民族和台湾高山族仍有文身的记载。也像在身上涂色一样，文身在世界上原始部落中同样被广泛地采用，这些花纹有时局限于脸上或手上的不多的蓝色条纹，有时就发展成各色图案。人类对自身生理和心理的认识来自本能，这种本能催化了对衣食住行等生活中实用性的需求。

人类对自我形象设计意识的觉醒，还表现在对自身的认识上。如人体在外形上的比例、对称、平衡等特征，普遍生成视觉上的秩序感；再比如心律运动所形成的重复、韵律、节奏等程序性，而这些潜藏于本能之下的人体内部机能特性，恰恰就是塑造形象美感的基本要素，并慢慢转化为下意识的习惯。

人类在进化过程中，随着嗅觉减退，视觉增强，对形象、色彩、光线的感受更加敏锐。早期人类对自身形象装饰的形式主要有以下几种。

1. 伤痕装饰

人类在裸态时就已懂得装饰自身，装饰的方法可分为肉体的和附加的、暂时的和永久的。暂时的装饰包括任何一种易于去除或替换的装饰。这些装饰形式中的涂色、划痕、疤痕、文身等早在原始人中存在，在现代高度文明的社会中也偶尔出现。文身是永久的肉体装饰形式，文身在早期的浅色皮肤人种中很流行，文身的过程包括在皮肤上刺痕，然后涂上洗不掉的颜料，在身上、手背上，甚至在舌头上。在好战的民族中往往把在战场上所受的伤疤保留下来，作为一种光荣的记号。伤痕不仅没有毁损人的仪容，而且还增添了美的仪表，甚至有的把身前身后的伤疤赋予不同的含义，身前的伤疤表示奋不顾身、勇敢对敌的形象，而背后的伤疤则可能是临阵退缩的明证。

2. 战利品装饰

装饰的目的是为了表现人的力量、勇气和技术。原始人身上的装饰，永远是他们勇敢的见证。身为原始武士的印第安人，甚至早期的古希腊和古罗马人，把打猎中杀死的动物兽皮披在身上，因而达到保护和装饰的双重目的。装饰常可以增加战士打仗的威力，他们不仅用战利品来披覆身体，而且常用古怪的方法涂色，以此来鼓舞士气。这些具有纪念性质的装饰标示了他们的等级，用以区分成功和不成功的战士。在新几内亚的部落中，文身表示他杀了一些人；越是成功的战士，身上的文身就越多。其他的原始人用兽皮、动物牙齿和尾巴、人类的头皮和武器的零件来进行装饰。这些尚未开化的人们通常讲究形象，并以自己创造的方式来装饰自己。

3. 毁体装饰

毁体是人为地把身体的某部分去除，这在原始人中不胜枚举，嘴唇、颊和耳上穿洞，敲掉牙齿或弄开手指关节等；肉体装饰的另一种形式是毁形，或称为变形，主要是将唇、耳、鼻、头、足和腰部等改变原来的自然形状，如唇和耳用垂物使之下垂、变长和摆动。

4. 威胁和图腾

装饰的另一目的是用来恐吓敌人，具有宗教和魔术的性质，如面具和在脸上涂色等。许多原始人对图腾和护身符的信仰是根深蒂固的。

第二节　西方古代形象设计发展史

一、古埃及人的形象设计

非洲东北部的尼罗河流域孕育了古埃及惊世的文明，尤其是经历5000多年风雨依然带给我们如此震撼的金字塔，证明了古埃及人高超的建筑技艺，体现了帝国统治者们的精神。古埃及文明对西欧乃至世界文明的形成有很大的影响，古埃及人的形象设计具有强烈的象征意义（图2-2）。

1. 化妆造型

在化妆造型上古埃及非常发达，许多现代的化妆就是从古埃及的化妆中发展而来的，许多现代化妆工具的原始式样也是由古埃及人发明出来的。古埃及人的化妆技巧鲜明而繁复，女性用淡黄褐色的化妆品来使皮肤颜色变浅，而男性则把橙色的胭脂抹到脸上使肤色变深。为了保护眼睛和增加美感，古埃及男女会把眉毛剃除，用西奈半岛产的孔雀石制作的青绿色来涂眼影、画眼线。除了重视眉眼，古埃及女性也特别重视面部的彩妆，例如眼影多彩的变化，双颊涂以粉红，嘴唇擦玫瑰色或胭脂红。从当时的壁画与考古挖掘的文物上，都得以验证古埃及人在化妆造型上的高度严谨。

图2-2　古埃及人形象

2. 发式造型

在发式造型上古埃及人为了清洁的目的，通常都会把头发全部剃除掉，所以一般人都是留光头。女子有时把头发编成辫子或卷成小卷，不过具有贵族身份与特殊地位的男女多戴假发。到了新埃及王朝时期，女子把假发发展到极致，长长的假发披散着垂至肩下，上面点缀着黄金饰带等饰物。头巾和头饰也是古埃及人在发式造型上常用的，一些具有象征意义的图案常常出现在头饰上。戴头饰和假发对古埃及人而言具有深远的意义，其目的不仅仅是为了美观，更是一种宗教性以及社会地位的表征。例如，法老在祭奠仪式时所戴的假发正是一种权贵的象征，而平日假发不戴时，由专人负责保管整理。此外，古埃及的女性对香气也相当重视，因此上流社会的女性甚至会在假发上顶placing填置香膏的容器，当置于容器内的香膏遇热熔化时，就会香液流身，香气弥漫，这被古埃及人视为最高的享受。

3. 服饰造型

在服饰造型上古埃及男女服装区别不大，服装对他们并非是为了遮体，强调服装的象征意义和价值才是真正的目的，所以都相当简单、朴素的。男女性一般穿筒形连衣裙"丘尼克"，不过由于女性所穿的是透明感的筒形连衣裙"丘尼克"，所以能充分地展现出曲线玲珑的身体线条，表现出一种性感裸体的美感。但服饰品却相当华美和豪奢，这是古埃及式服饰美的魅力所在，其中最突出的是围在颈部和胸前的宽宽的颈饰，这既是项链，也是一种领饰。挂在胸前的长方形雕金嵌宝的胸饰意在除灾避邪。此外还有耳环、巨大的手镯、脚镯和臂饰等，几乎现代人使用的饰品古埃及人都已使用，而且当时的工艺技巧相当高超。

二、古希腊人的形象设计

灿烂的古希腊文化在艺术与建筑领域的成就尤为突出，美术、建筑和服装成为后世规范的两种文化样式，哲学思想被认为是现代科学思想的基础。古希腊人特别关注人体与精神之间的和谐关系，同他们的建筑一样，古希腊人的形象设计也在和谐比例中显现出一种自然之美（图2-3）。

1. 化妆造型

在化妆造型上创始时期的古希腊人所追求的都是一种自然的审美价值，女子对于化妆并不十分重视，在当时如果是过度的浓妆艳抹，会遭到唾弃与非议。形成这种负面评价的情形，是因为两个典故：其一是依据希腊女性的美，以两位希腊女神为代表，一位是温柔婉约的阿弗洛蒂德女神，另一位是具有致命诱惑力的潘多拉，潘多拉是代表浓妆艳抹，强调装饰的，其所代表的形象是违背自然的、遭人排斥的；其二是斯巴达的李库格（传说中斯巴达的立法者）排斥美容术，禁止身体彩绘，认为这是女性体态趋向堕落的根源。受此影响，古希腊女性在容貌上所追求的是一种典雅的自然美。但到了公元前4世纪，除了下层社会的女子外，无论老幼、所有的女子都开始化妆，她们常用铁红粉在腮帮上涂抹成圆形或其他形状，红扑扑的脸颊和红唇互相衬托，显得格外艳丽。眼部化妆也是古希腊女子美容的一部分，当时最流行的眼部化妆法是上眼睑涂上红棕色的眼影，眉骨上下方则用翡翠绿做底色，再在上眼睑用同样的绿色画上一条眼线，并延伸到眼角，与此同时，不管头发是什么颜色，眉毛都是描黑，两条浓密的眉毛在鼻梁上方连接在一起，如同一条眉毛。

图2-3 古希腊人形象

2. 发式造型

在发式造型上古希腊人都非常注重发型,特别是女性一般很少出入公共场所,几乎没有戴帽子的习惯,所以对于发型的变化格外关心。有特点的发式有两种,一种是用头发遮掩前额,有时是中分,用烙铁卷成波浪状,向后披卷,露出耳朵,或从头发中分出几绺卷成螺旋形鬈发,披在前额上,将剩余的头发则松散地披在背后;另一种发式是将头发结成发髻,用装饰发夹固定住,上层社会的女子还佩戴珍贵的头饰,把发型装饰得十分华丽,在古希腊艺术风格盛行的整个时期,鬈发及螺旋鬈发的样式更是用来突出发髻。从金黄到黑色,希腊人的头发颜色非常丰富,金黄是他们最偏爱的颜色,为此他们会想尽办法让头发颜色变成金黄色。无论男女,喜欢用各种彩粉、颜料染发或用假发来改变发色。男性最初也蓄长发,并烫出有节奏的波浪,用绳或细带系扎,或编成发辫盘在头上,随后男性以卷曲的短发为主。

3. 服饰造型

在服饰造型上古希腊人所追寻的审美价值是"自然就是美"。喜好体育运动和炫耀肉体健美的古希腊人,无论男女在运动比赛时常是裸体的,由于不是用服装来区分身份地位的,也无需以华丽和复杂来表示某种权威性,所以其造型上男女没有严格的区别,仅为一块长方形的布料,通过在人体上披挂、缠裹或系扎固定来塑造出具有优美的悬垂波浪皱褶的宽松型服装形态。不过值得一提的是,古希腊克里特岛地区的人,不论是男性还是女性,都会在腰际间戴上铜环或皮带环来束紧腰部,以达到有个完美比例的身材,而这种现象也被视为是西方"束腰"行为的起源。古希腊的服饰品最初是以实用为主的,但随着时间的推移,古希腊人同其他很多民族一样也开始以佩戴珠宝等各种饰品来炫耀财富,其中一种固定衣服用的装饰扣针,自亚力山大大帝之后,它就逐渐演变并最终成为现今只具有装饰功能的别针和纪念赠品了。

三、古罗马人的形象设计

图2-4 古罗马人形象

在欧洲历史上,古希腊是古典文明的楷模,古罗马的文化大体上承袭了发达的古希腊文化,同时融会了古代东方文化和伊达拉里亚人特有的民族文化,辉煌的古罗马文化对于后世的西方文化有很大的影响。古罗马人虽然在武力上征服了希腊,但在文化方面却拜倒在古希腊人的脚下,在形象设计上几乎没有什么创新,但与古希腊相比,古罗马是古代最有秩序的阶级社会,所以,其形象设计在显现社会阶层和人物身份地位上具有重要作用(图2-4)。

1. 化妆造型

古罗马人对美的关心与古希腊人一样,与服装美相比更加注重身体本身的魅力。古罗马女性对于脸部的清洁相当的重视,通常保持干净的面容。化妆的方式是先在皮肤上打上一层白色粉底,接着再用赭土、硝石末、酒精渣的混合物在皮肤上着色,使肌肤看上去更加粉红。为了掩盖脸上的斑点，还用月牙形的小片（类似中国的螺钿）贴在脸上，然后用煤灰描眼、画眉，淡淡的化妆效果，形成古罗马女性最完美的化妆造型。

2. 发式造型

对于古罗马人而言，由于各种根深蒂固的迷信图腾，头发的作用远远不只是编结成各种各样的发式样式。基本上古罗马的男性是以短发为主，女性的发型则较为讲究，在某种程度上她们是为了用美丽的发式来弥补服装造型的平淡，虽然初期非常简单，但到了帝国时代开始就变得复杂了，她们以头发缠绕的方式来达到发型的变化，当时最流行的发型是用金属框架支撑，中分的头发或卷曲，或呈小圈，头发边缘卷成小圈紧密地排列着，在头顶盘成圆锥状的发髻。古罗马人的发色多为黑色，但他们很喜欢把头发染成金色或红色，有的干脆戴金黄色假发。古罗马女性的假发常常是用山羊皮做成的，目的是为了轻松地做出并保持精美的发型，这一点不同于戴假发的古埃及女性，或是习惯戴简单发带的古希腊女性。

3. 服饰造型

古罗马人在服装款式上，不但延续了古希腊的服饰审美观，对于身体体态所追求的理想美也与古希腊人相同，同样是以一种强调较无束缚性的特质为主。古罗马人在服饰品上使用量很大，这是他们夸耀自己富有和身份的重要标志。在各种服饰品中，最受古罗马人器重的是戒指（结婚戒指是古罗马人的创造），最多时每个手上都戴好几个，有的甚至连脚趾上也戴。此外，耳环、项链、手镯和装饰扣针也是他们喜爱的服饰品。虽然古罗马人在饰品的加工水平上并不十分高超，设计的样式也不完全是独创，但与古希腊和东方那种精巧形成鲜明对比的是他们强调了单纯的魅力，尤其是为后世华丽的珠宝工艺打下基础的多彩宝石的运用。

四、中世纪人的形象设计

历史上一般把5～15世纪称为中世纪。中世纪的形象设计史从地域上分为东欧和西欧，从时间上西欧又分成"文化黑暗期"（5～10世纪）、"罗马式时期"（11～12世纪）和"哥特式时期"（13～15世纪）三个历史阶段。中世纪形象设计的特征受基督教的影响十分强烈，基督教认为人是神创造的，神是唯一、绝对的存在，人应爱神，因此人与人之间的爱被放在次要位置，甚至成为与神的爱相矛盾的对立物而被克制，由于基督教的影响，中世纪的社会推行禁欲主义道德观。在这种环境中，中世纪的西欧人在个人形象上也出现了否定肉体（掩盖体形）和肯定肉体（显露体形）两种矛盾的现象（图2-5～图2-10）。

1. 化妆造型

受基督教的影响，中世纪人认为"化妆是亵渎的行为"，这一观念造成了中世纪时期女性美容与化妆术的没落。在当时，一般人都认为过度的化妆会有害身心，造成道德的沦丧，因为他们相信自然才是上帝的杰作，人工则是出自恶魔之手，所以，如果女性爱打扮将遭受上帝的惩罚。同样是受到基督教教义的影响，在中世纪末的哥特式时期，女性则尽可能地表现出一种青春洁白的容貌，以象征她的贞洁。中世纪女性化妆最大的变化是眉毛，将眉毛修成细线成为一种时尚，丰唇在中世纪更是美的标志。

2. 发式造型

这个时期的发型以自然为主，女性通常都把头发隐藏在帽子里，也因此使得女性帽子得到

图2-5　5世纪人的形象

图2-6　11世纪人的形象

图2-7　14世纪人的形象

图2-8　哥特式服饰形象

图2-9　哥特式时期女性形象

图2-10　15世纪人的形象

很好的发展,并出现了帽子的款式比发型变化还重要的情形(这奠定了后世西方女性习惯戴帽子的渊源)。在中世纪末的哥特式时期,女性理想的审美,除了要有一头金色的长发外,还必须有个高秃的额头(即使头戴帽子,也要尽量把额头露出来);而男士则留有象征青春气息的长发。

3. 服饰造型

由于基督教所强调的是一种禁欲主义,中世纪人的服饰造型从古罗马那种南方型的宽衣文化经拜占庭文化的润色和变形,经历了"罗马式时期"和"哥特式时期"的过渡,最后落脚到以日耳曼人为代表的北方型窄衣文化。

中世纪女性在服饰的穿着上,尽可能把自己的身体加以围裹隐藏起来,所以看不出身体明显的曲线(特别是胸部的曲线)。当然,这种形象绝不同于稍早之前上古时期古希腊或古罗马的那种展现自然体态的裸露美。在中世纪末,受国际哥特风格美学的影响,体态轮廓美也出现了一种年轻瘦细的形象，且强调"锐角三角形"的特色。男性穿上了紧身的衣服和裤子，来达到细瘦的体态；女性则开始强调凸起的腹部，以达到上尖下宽的轮廓美。在服饰品上，整个中世纪人们对饰品的追求一直在不断变化，尤其是对头部的装扮。

五、16世纪人的形象设计

16世纪，西欧渐渐地从中世纪的桎梏中摆脱出来，出现在文艺复兴的历史舞台上。尽管离真正的男女平等还有几个世纪之遥，但文艺复兴已预示着女性开始享有前所未有的自由的时代即将到来，在这个时期，人文主义思想开始发展，精神上的自由使人们在形象设计上也开始充分展示自己的个性。许多艺术家都自行定出标准化的形象审美尺度，强调和谐、比例的体态理想美和丰润、成熟的形象（图2-11）。

(a)

(b)

(c)

图2-11　16世纪人的形象

1. 化妆造型

由于东罗马帝国的灭亡，使得拜占庭人纷纷撤离异士坦丁堡。他们返回的同时带回一些古代美容配方与方法的手稿，这些手稿不仅受到重视，还引发美容研究的热潮，并成立了美容协会，专门发明试验各种新型美容产品和配方。以美容为主题的书籍也相继出版发行，其中最畅销的一本是吉恩·里鲍特在1582年出版的《人体化妆修饰艺术》。在这本书里，他总结了许多化妆品配方，包括面部化妆品、沐浴液、护发素、制作发型的各类工具等，该书直到17世纪仍倍受爱美人士的推崇。当时人们对美容形成的热潮，促使女性开始重视容貌的打扮，当时最理想的化妆效果是不着痕迹地凸显本人的自然美。不论来自哪个阶层，所有女性都开始使用口红、脂粉、水彩等化妆品，只是眼影还不够普遍，在容貌上以丰腴成熟的形象取代了哥特式时期憔悴瘦弱的形象。值得一提的是这一时期人们完全没有卫生的观念，不经常洗澡，贵妇人们在脸上涂很厚的粉和胭脂，用喷洒香水来遮掩体味，香水也由此应运而生并得到蓬勃发展。

2. 发式造型

此时男性的发型一改哥特式时期所强调的长发，而是以象征阳刚之气的短发为主；女性则把头发梳卷到头上，再将一绺绺没有梳辫的头发堆积在头顶，并开始重视头饰的变化，而一改哥特式时期强调戴上夸张帽子的造型，女性最具代表的发式就是梳成心形的发型。这个时期金发仍然最受欢迎，女子经常把头发漂染成金色，不过染发剂的颜色似乎越来越多，可以把头发染成不同的金色。假发继续受到当时人们的青睐。

3. 服饰造型

16世纪人们的自我意识越来越明显。服装，尤其是流行服装的重要性日益突出，服装从中世纪各国各有千秋的样式中日趋统一，人们常常会发现不同国家的服装样式已经融合在一套服装的裁剪上。在当时的衣饰文化中更积极地强调一种矫饰性，就是通过服装来改变身体的轮廓形象，特别是女性的服装。例如，上流社会的女性与男士一样，开始在脖子上都戴上一种有皱褶的环状领，以改变颈部的比例，在腰部运用束腰的紧身胸衣以达到有个细小的腰身，在臀部穿上臀垫或是增加下摆宽度的裙撑架，以达到有个宽阔的下围，形成宽肩、细腰、圆臀的服装造型。对男性形象强调的是一种刚性雄壮为主的印象，为了表现男性化的阳刚气，男士会穿着凸显下体的裤装，以象征男性化的特质。这一时期男女都用大量的珠宝来装饰自己，手表成为优雅时尚的标志，出现了长长的垂式耳环、扇子、阳伞、手绢、手套、长筒袜等新式的服饰品，最典型的服饰品是由中国引进的扇子和用法律规定如何使用的手绢。

六、17世纪人的形象设计

17世纪的欧洲极为动荡，政治、经济、宗教等方面的激烈竞争，使各国都发生着天翻地覆的变革，荷兰率先建立了第一个资本主义国家，英国经过反复斗争，也步入资本主义社会，法国则进一步强化了中央集权的专制政体。在这种动荡不安、民不聊生的环境下，上层社会的女性开始接触沙龙，王公贵族们追求豪华、讲究排场成了表现权势的社会性、政治性的需求，在这样一个男性显身手的时代，产生了以男性为中心的强有力的艺术风格——巴洛克风格。17世纪后半叶，由于法国的中央集权制和重商的经济政策，成为欧洲新的时装中心，使崇尚优雅的新时代形象在欧洲拉开了帷幕，从此奠定了巴黎几百年来的国际时尚地位。如今习以为常的西餐刀叉礼节，以及欧洲大陆上层贵族的语言，无不打着法兰西民族的烙印（图2-12）。

(a)   (b)   (c)

图2-12　17世纪人的形象

1. 化妆造型

17世纪的整个欧洲都热衷于使用化妆品，人们心目中的女性是丰润的朱唇、齐整的黛眉和明亮的媚眼。为衬托出白皙粉嫩的面容，女性会用红色胭脂在颧颊上抹成两个圆形，脸上贴黑痣，这种风习最早兴于意大利，一般是直接在皮肤上用树脂贴上黑天鹅绒或黑丝绸的小片，最初是贴在脸上，后来在胸部也贴，形状及大小千变万化，有圆形、四角形、心形、星形、小动物和小人形等，俗称"美人斑"。男性也会在脸上涂抹或扑上白粉，并且留着当时最具代表的"八字胡"。

2. 发式造型

17世纪的欧洲，发型师日益出名并有着一定的社会地位。荷兰时期女性梳发辫或系发髻，髻上装饰缎带蝴蝶结，男性留披肩长发；法国时期女性一般把头发扎成紧绷而齐整的辫子，这种发型扎得很高，尾端下垂，用线框扎住，能使身高看起来仿佛增加了15～20厘米，年轻女性还有的把头发松松软软地编好，垂在耳朵下。男性除了蓄发之外，开始戴上蓬松而长的假发。纯粹作为装饰的假发迎来了一个全盛的时期，虽说刚开始只有贵族才可戴假发，但戴假发的风气很快流行起来，男女都戴假发，后来一直从欧洲各国传到美洲新大陆，这一时期假发的装饰都是经过精心设计的，成为一般男士固定的装扮。时至今日，英国的大法官、审判员和辩护律师等在开庭审判时，还保留着戴假发的传统习惯。

3. 服饰造型

17世纪的服装已初露个性，人们开始在着装方面进行着前所未有的大胆尝试，顾客对服装的样式等意见起着不可或缺的作用。受巴洛克艺术运动的影响，时装不再有文艺复兴时过多的装饰，并开始出现现代式的套装，成立了服装业协会，有了职业服装设计师，开始用时装玩偶传播流行服装。女性对身体体态美的观念，依旧是延续之前，不过在造型上开始自由随意，低领取代了有皱褶的环状领，紧身胸衣改为宽松低领，露出女性丰满的胸部，有时领口还缀满花边，强调自然的比例，讲究穿着舒适，使用束腹与裙衣架来改变原本的身体比例结构，以求塑造出一个理想的体态美。男性服装初期风格朴素，法国时期男性服装呈现出的是一种浮华，强调的是一种柔性形象，在服装上大量地使用蕾丝与缎带，受波斯风格启发创造的男性三件套式的服装，为现代男性礼服奠定了基础。在服饰品上，花边普遍用于男装、女装和童装上，法国成为生产花边蕾丝的重要基地。女性盛行简洁、优雅的珠宝造型，出现了齐肘长的手套，扇子、阳伞、戒指、耳环、胸针等也十分流行。带子、领结和领巾成为男性时装的一部分。

七、18世纪法国大革命之前人的形象设计

18世纪初叶，欧洲各国资产阶级不断发展，资本主义势力逐渐增强，社会结构发生着深刻变化。随着资产阶级地位的不断上升，以男性为中心的巴洛克时代的帝国风格日渐消退，逐渐被以女性为中心、以沙龙为舞台展开优雅样式的洛可可风格所代替，这种风格在当时的形象设计上可谓表现得淋漓尽致（图2-13～图2-15）。

1. 化妆造型

18世纪的欧洲人仍不经常洗澡，人们靠化妆来遮掩肮脏的皮肤，有香水来遮掩体味。女性为了强调其身份，都积极地通过脸部的化妆，来表现其地位的高尚，当时红色的妆容非常盛行，

图2-13　洛可可艺术形象　　图2-14　1760年后的发型　　图2-15　法国大革命前的形象

以白色浅粉打底，面颊至太阳穴抹上棕色，嘴角四周抹亮，胭脂红延伸到眼部附近，不再局限于颧颊的两个圆形。男性除了开始把胡子剃除，保持脸部的清洁之外，也有涂抹或扑白粉在脸上的习惯，而出现"白粉脸"的矫饰情形。

2. 发式造型

女性自洛可可初期至18世纪中叶，由于装扮的重点放在了身体的躯干部分，发型都比较简便。70年代女性发型发生了戏剧性的变化，出现了有史以来最夸张、最巨大的假发高发髻，极端时最高可达三英尺（注：1英尺 = 0.3048米）左右，致使下颌底处于全身高度的二分之一处。为了满足人们的装饰欲，发型设计师还挖空心思地用鸟、蝴蝶、树枝和蔬菜等相应的装饰品，在这些高高耸起的发髻上做出许多特制的造型，如山水盆景、花园等田园风光和扬帆行驶的三桅战舰等，有的还嵌入自鸣乐器或金丝雀，发出美妙的声音。男性普遍戴假发，不过假发的款式随着时间的推移也出现了变化，在18世纪的初期是以中分、圆膨的长发为主，到了中期以后，则变为"两边卷曲，后留辫子并绑上发带"的款式造型。

3. 服饰造型

18世纪的法国大革命之前，欧洲上层社会的女性流行穿飘逸、宽身的波浪裙，随后几乎社会各阶层的女性都穿着夸张的带有裙撑的裙子，后来渐渐演变为法式裙，这一时期，洛可可样式集中表现在女装上，使女性的外在形象美发展到登峰造极的地步，主要表现在被紧身胸衣勒细的纤腰和用裙撑增大体积的下半身，其造型是上身部分紧身，内穿三角形的紧身胸衣，低低的领口饰有褶边，胸腹之间的三角区饰有蕾丝、蝴蝶结或刺绣，膨大的裙子完全把下半身体型覆盖和隐蔽着。男性依旧追寻柔性的形象，延续17世纪的样式，但从此开始趋于简洁、朴素，紧身外套长至膝盖，饰有高雅的镶边和方便的插袋，为了使大衣和外套的下摆向女裙一样撑开，衣服的下摆开始远离髋部，从男女两者体态轮廓相互比较，男性在外观上显然较女性而言瘦小许多。

八、18世纪法国大革命之后人的形象设计

18世纪美国革命和法国革命改写了历史新篇章，导致了君主政体的崩溃和封建制度的废

除，在社会结构发生重大变化的同时，人们的审美思潮也有了新的发展，艺术风格转向了古典主义，使古希腊、古罗马纯粹、优雅的风格得以复活，在这样的时代背景下，男女形象也经历了巨大变化（图2-16）。

(a)　　　　　　　　　　(b)　　　　　　　　　(c)

图2-16　法国大革命后的形象

1. 化妆造型

18世纪末法国的民主思想直接影响了人们的品位，同时为了表现推翻法国路易王朝的精神，人们开始倾向于清新的空气和气味，鄙弃浓重香水的味道。女性的红色胭脂随着巴士底监狱一起瓦解，开始强调纯净光明的面孔，过度的化妆被源于自然的清澈洁白的化妆取代，自然风潮由浪漫主义风潮取代后，病态美的形象表现出高贵不凡的艺术气质，流行幽灵般雪白的肤色和带些褐色的深井般深邃的眼睛，18世纪后期的化妆则是双颊淡红的胭脂，眉毛用眉笔拉长，加上蓝色眼影和令人侧目的唇彩。男性此时放弃了美容和化妆，也不再喷洒或涂抹白粉，只保留对手指、胡须的保养，当时的胡须几乎是没有受到限制的发展。

2. 发式造型

受法国大革命追求自由平等，打击贵族意识的影响，人们开始崇尚自然的品位，女性改变了之前夸张而巨大的发型，出现一种仿古希腊风格，象征自然、不受拘束的形象，强调自然款式的短发，并把头发梳成松散自然的形状。此时男士已不戴假发，开始显露天然之发。

3. 服饰造型

女性形象的表现，一改之前矫饰虚华的体态美，而是以追求一种自然的体态美为主，革命革除了紧身胸衣和裙撑，把女性从拘谨的服装中解脱出来，在女性外观轮廓上，服装以瘦长的长方形，取代之前夸张的造型。男性在服饰上所表现的是以一种挺拔的气概为主，一改之前男士所追求的阴柔特质，开始向现代式的服装风格发展。

九、19世纪人的形象设计

19世纪,当法国以自由、平等为口号的革命浪潮,摧毁法国统治欧洲几个世纪局势的时候,在英国正酝酿着另一场真正的革命——工业革命,政治上拉锯式的变革和工业革命隆隆的机器声改变了人们的生活节奏、生活方式和意识形态,整个19世纪作为现代文明的黎明期,从各个方面为20世纪新的生活样式的到来做着精神和物质上的准备(图2-17、图2-18)。

图2-17　1830～1869年的女性形象的变迁

图2-18　1870～1888年的女性形象的变迁

1. 化妆造型

由于受到当时社会风气的影响,女性以华服美貌来寻求异性的吸引。因此女性相当重视容貌的梳妆打扮,不过这时的化妆开始偏向美化肌肤,用粉掩盖面部的斑点或疤痕来造出塑像般的面容。男性则留着胡子,特别是留着满脸的络腮胡,以表现刚性的男性气概。

2. 发式造型

19世纪女性在发型上出现相当多的变化与款式,初期流行中分、头发紧贴头皮,在两侧有麻花状辫子的发卷造型，后来逐渐变成在头顶挽发髻的形式，30年代后发髻又转移到脑后，这一造型成为19世纪最主要的代表之一。男性的发型，依旧是以表征阳刚之气的短发为主。

3. 服饰造型

19世纪初，女性体态美也出现快速变化的发展情形，从40年代开始更加积极地运用束腹、裙撑、臀垫来营造具有流行感的体态形象。男性为了表现出当时社会规范所塑造出的以家为主形象，在体态轮廓上尽可能地表现出刚强挺拔的气概，并通过高耸的礼帽和笔挺款式的服装来达到刚毅俊挺的形象。

第三节　我国古代形象设计发展史

一、先秦时期人的形象设计

上古时期，人们已经开始了对自己形象的塑造和设计。先秦（夏、商、周三代）是华夏文化形成的非常重要的起始阶段，也是我国奴隶社会由开始走向灭亡，向封建社会过渡的历史时期，更是中国封建制度和封建文化的奠基石，这一时期人们对形象美的执着追求为后人的形象设计打下了良好的基础（图2-19、图2-20）。

图2-19　商代形象

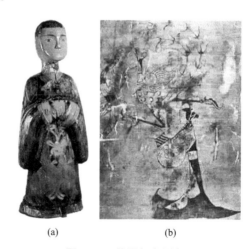
图2-20　楚国妇女形象

1. 化妆造型

中国古代女性染颊饰红的历史久远，根据《楚辞》"粉白黛黑，施芳泽只"，《战国策》"郑、周之女，粉白黛黑"的记载，说明了早在先秦时代，女性便已经用粉来妆饰自己的脸部了。以白粉涂在面肤上，使之洁白柔嫩，表现青春美感，当时有"白妆"之称。根据《中华古今注》记载，燕脂起源于商纣之时，以红蓝花汁凝成脂，让宫人涂在脸上作桃花妆，因此花产于燕国，故被称为燕脂。从战国时期出土的楚俑，其脸部有敷粉、画眉及红妆的使用，显示出商、周时代就已有女性开始使用红妆了。若从现有的考古资料来看，马王堆一号汉墓出土的陪葬品中已有胭脂般的化妆品，因此，比较确定的说法是：中国古代女性红妆的风尚最晚在秦汉已经兴盛。

春秋战国时期便有点唇的风俗，当时社会也非常崇尚女性的嘴唇美。画眉之风早在战国时便已出现。画眉的材料以黛为主，画眉的方法是先将原有的眉毛除去，再用颜料在原来眉毛的位置画出想要的眉形，眉式宽窄曲直虽略有不同，一般为长眉，但也有《诗经》《楚辞》中所说的状如蚕蛾的"蛾眉"。古代用来做黛的，既有矿物质也有植物。矿物类的石黛，除石墨外，还包括石青（又名蓝铜矿）；植物类的黛称为青黛，也叫靛花、青蛤粉，色青黑。石青和青黛在修饰眉毛时，会随着浓淡深浅的不同而呈现出蓝、青、翠、碧、绿等丰富的色彩变化。

2. 发式造型

中国古代时期男女蓄发不剪，传说中的燧火氏时期，女性似乎才开始将头发挽起束之于头顶，成为"髻"。商代女性的发式大多采取梳辫发向后垂的形式，有的还将两鬓梳作卷曲向上如蝎子尾式的鬈发垂肩，这种发式沿用到战国末期。西周女性发髻的发展，古书上记载有"周文王又制平头髻，昭帝又制小须变裙髻""周文王于髻上加珠翠翘花，傅之铅粉，其髻高名曰凤髻"。春秋战国时期发型以发髻与辫发为基本形式，再加以变化。

3. 服饰造型

在旧石器时代晚期发现的各种骨针说明，早在几万年前，我们的祖先就已懂得缝纫的原理，并能从事简单的缝制，将猎取到的野兽皮毛缝制成衣，以御严寒。中国是世界上最早发明饲养家蚕和纺织丝绸的国家，殷商时代，人们已熟练地掌握了丝绸技术，并改进了织机，发明了提花装置，织出许多精美瑰丽的丝绸。绣染技术也渐趋成熟，为中国以后几千年丝绸绣染工艺的发展奠定了坚实的基础。

中国的衣冠服饰制度，大约在夏商时期已见端倪，到了商周渐趋完善，并被纳入"礼治"范围，成为"昭名分、辨等威"的工具。据《周礼》记载，当时人们将礼划分为吉礼、凶礼、军礼、宾礼、嘉礼五等，合称"五礼"。与这些礼仪相适应，服饰的区分也十分细致，吉礼有吉服，凶礼有凶服，军礼有军服，相互之间不能混淆；同为一种服饰，由于穿着者的尊卑等秩序及场合的差异，都有相互规定的形制。商周时期的服装造型，主要采用上衣下裳制，衣用正色，即青、赤、黄、白、黑等五种原色；裳用间色，即以正色相互调配而成的多次色。服装以小袖为多，衣长通常在膝盖部位。衣服的领、袖及边缘都有不同形状的花纹图案，腰间则用带条系束。春秋战国之际，又出现一种新的服饰，名谓"深衣"。它不同于上衣下裳，而是一种上下连属的服装。

战国时期，赵武灵王为了顺应战争的需要，在军队里推广胡服骑射，使赵国趋于强盛。随后，胡服在各地广为流行，成为一时风尚。胡服本指西北少数民族（当时称胡人）的服装，它与中原地区宽衣博带式的汉族服装有较大差异，一般为短衣、长裤和皮靴，衣身紧窄，便于活动。

二、秦汉时期人的形象设计

秦代是我国历史上最强大的封建专制国家之一，在形象设计上仅融合调整了七国的造型，没有形成明显的历史阶段性特征。汉代在总结秦亡的教训和吸取大量楚文化后，形成的深沉理性精神和浪漫幻想相结合的汉文化，对汉代形象设计产生了重要影响，所推行的"罢黜百家，独尊儒术"的思想更成为汉代以后历代中国封建王朝的统治思想（图2-21～图2-23）。

图 2-21　汉代发式　　　图 2-22　秦代发式　　　图 2-23　汉代女性形象

1. 化妆造型

在化妆造型上，女性开始盛行各式各样的红妆。《事物记源》中的"秦始皇宫中，悉红妆翠眉"便大致勾勒出秦时宫中的女性是以浓艳为美的，到了汉代，女性也相当喜欢敷粉，并且在双颊上涂抹朱粉，此时化妆品的使用已经非常普遍。两汉画眉的风气上承先秦诸国习俗，下开魏晋隋唐之风，创下了中国女性画眉史上的第一个高潮。汉代盛行的眉式主要是长眉、八字眉、远山眉、愁眉和阔眉（又名广眉、大眉）。

2. 发式造型

根据《中华古今注》记载，秦代女性的发型，"始皇诏后梳凌云髻，三妃梳望仙九鬟髻，九嫔梳参鸾髻"。其他古书中还记载有神仙髻、迎春髻、垂云髻等。汉代女性的发型以梳髻为最普遍。髻的式样很多，当时有迎春髻、垂云髻、堕马髻、同心髻、三角髻、反绾髻等，名称相当多，其中受西域的影响不少。东汉时女性的发髻开始向上发展，当时就有"城中好高髻，四方高一尺。城中好广眉，四方且半额"的歌谣。这种崇尚高髻的风气，一直延续到南北朝及唐朝。在汉代的各种各样发髻式样中，最突出的要算"堕马髻"了。这是一种侧在一边、稍带倾斜的发髻，好像人刚从马上摔下来的姿态，所以取名叫堕马髻。此发型一直流传至明清，只不过不同的时代，式样会稍有不同。

3. 服饰造型

秦始皇于公元前221年完成了统一中国的大业，结束了春秋战国长期分裂割据的局面，建立起一个中央集权制的封建国家。秦朝统治中国虽然只有十五年时间，但在历史上却占有重要地位。秦始皇兼收六国车旗服御，创立了各种制度，其中包括衣冠服制。这些制度对汉代影响很大，汉代大体上保存了秦代遗制。汉代服饰的职别等级，主要是通过冠帽及佩绶来体现的。不同的官职，有不同冠帽。所以汉代冠制特别复杂，收入《后汉书·舆服志》中的，就有十六种之多。

三、魏晋南北朝时期人的形象设计

魏晋南北朝是中国历史上战乱频繁、充满曲折的时期，是南北民族大融合的时期，也是人性被发现的时期，社会的变迁，佛教、道教的兴起都在当时的形象设计中有着丰富的体现（图2-24～图2-26）。

1. 化妆造型

魏晋南北朝时期女性面部化妆是先在脸上扑粉，再将胭脂置于手掌中调匀后抹在面颊上，颜色浓的称为"酒晕妆"，颜色较浅则称为"桃花妆"。若是先在脸上抹一层薄薄的胭脂，再以白粉罩在上面，就成了"飞霞妆"。还有一种特殊样式称为紫妆，不过这种妆法很少见。魏晋南北朝之前，女性脸部化妆的主要色彩是以红色为主（指胭脂的颜色），魏晋南北朝时期，黄色才开始流行，也就是流行"额黄"的妆饰。女性额部涂黄是南北朝以后才流行的一种习俗，这种妆饰的产生应该和佛教的流行有一定的关系。有些女性因模仿涂金的佛像，也将自己的额部染成黄色，久而久之，便成为一种妆饰。额部涂黄的方式有两种，一种是染画，一种是粘贴。所谓的染画，就是以画笔蘸黄色的染料涂在额上，有时整个额头全部涂满，有时只涂一半（或上或下），再以清水做成晕染之状。至于粘贴法则较简单，直接以一种黄色材料制成的薄片状饰物蘸胶水粘贴在额上，由于可以剪成各种花样，因此又有"黄花"的别称。另外，此时也出现一种名为"花钿"（又称花子）的额饰。

2. 发式造型

魏时流行的发髻式样有"百花髻""福荣归云髻""灵蛇髻"等数种，其中"灵蛇髻"的变化最为丰富，关于"灵蛇髻"的渊源，传说是源于曹丕皇后甄氏的灵感，这种发髻的变化很多，能随时随地改变发式；西晋时的发式除了汉代"堕马髻"的遗式外，还有"流苏髻"和"缬子髻"；到了东晋，女性头发的装饰似乎更朝向盛大方面发展，在当时，女性喜欢用假发来作装饰，而且这种假髻大多很高，有时无法竖立起来，便会向下靠在两鬓及眉旁，也就是古籍中所传说的"缓鬓倾髻"；南北朝时女性的发髻式样也大多朝向高大方面发展，此外，由于北朝时信仰佛教的人很多，当时还流行把头发梳成各种螺型的发髻，称为"螺髻"。

图2-24　魏晋女性形象

图2-25　魏晋士大夫形象

图2-26　南北朝女性形象

3. 服饰造型

魏晋时期的服饰，大致上仍承袭秦汉的样式，不过一些王公名士崇尚玄学清淡，追求灵性自然，行为和服饰不受礼俗所拘，施幅巾，穿袍衫而低敞衣襟，这在竹林七贤画像砖中可见一斑，女性则穿褂襦，杂裾双裙，蹙襳垂髾，甚是美观，这时期的贵族服饰，均可见于顾恺之所绘的《洛神赋》《烈女传》《女史箴》等图卷之中，衣袖宽博而长，《宋书·周朗传》云，"凡一袖之大，足断为两，一裾之长，可分为二"；南北朝各少数民族初建政权时，仍按本族习俗穿着，多是适合他们生活方式的合身裤褶装、短袍衫，各式巾和靴子，官吏身上披以小管袖袍衫，至于女性服装的特点，衣裙都较南朝服装为窄短，裙腰略提高，常作裥褶装饰，后受汉族文化的影响，也穿起汉族的服装。中原人的服饰在原来的基础上，也吸收了不少北方民族的服饰特点，如将衣服裁制得更加紧身，更加适体等。

四、隋唐五代时期人的形象设计

隋代在政治、经济、文化上都为唐朝奠定了坚实的基础，其形象设计基本是沿袭南北朝的造型，唐代是中国历史上的一个鼎盛时期，尤其在盛唐时期，由于社会经济、文化的全面发展，安定的政治局面，为形象设计的创新和发展提供了有利的条件（图2-27～图2-32）。

1. 化妆造型

隋代的化妆造型总体是崇尚简约的；唐代的化妆造型是中国古代历史上富丽与雍容的顶峰，化妆程序先是敷铅粉、涂胭脂，然后画眉毛、贴花钿，再接下来是点面靥、描斜红等修饰，最后是依着画出的唇形涂唇脂，当时浓艳的红妆几乎将整个面颊遮盖，仕女也有在脸上涂白色被称为"白妆"，甚至还有涂成红褐色被称为"赭面"的风俗。长眉、短眉、蛾眉、阔眉交替流行，各种眉型形成了中国历史上眉式造型最为丰富的时期。以小巧圆润为美的樱桃小口点唇造型，也是唐朝面容妆饰追求美的重要代表。女性也有和南北朝一样在额头眉宇中心部位敷扑黄粉称为"额黄"的风俗，在唐朝诗句中处处可见对此种妆饰的形容词句，如"纤纤初月上鸦黄""额畔半留黄""额黄侵腻发""微汗欲销黄"。花钿的妆饰法，自秦至隋，主要

图2-27　簪花仕女图　　　　图2-28　中晚唐女性形象　　　　图2-29　女性男装形象

图2-30 唐代女性化妆顺序

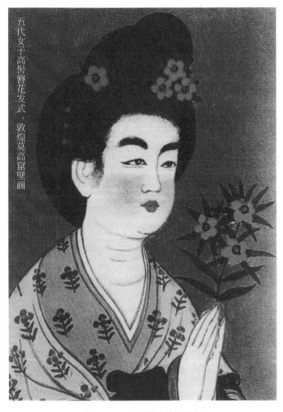

图2-31 五代女性形象

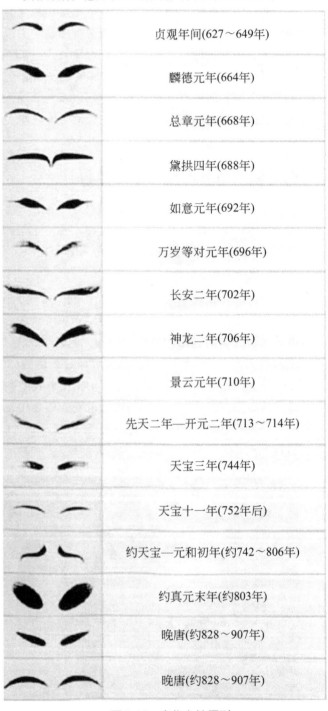

图2-32 唐代女性眉型

流行于宫中,唐朝以后才在宫外广泛流行开来。唐朝女性在额头上使用花钿作妆饰的情形更加普遍,而且变化更是多彩多姿。五代时,面靥妆饰大大发展,女性往往以茶油花子所做成的大小花鸟图案贴得满脸都是。这种妆饰法在中原很少见到,是少数民族女性共同的妆饰形象。

2. 发式造型

隋代的发式比较简单,相比之下,唐朝女性的发型和发式则显得非常丰富,既有承袭前朝,也有刻意创新。唐代女性的发髻式样很多,更有各种不同的名称,基本上是崇尚高髻,而且注重华美的饰物,可说是琳琅满目,美不胜收。初唐女性的发式变化比较少,喜欢将头发向上梳成高耸的发髻,比较典型的发式是将头发梳成刀形,直直地竖在头顶上的"半翻髻",还有一种叫作"回鹘髻"的发髻,髻式也是向上高举,这种发型在皇室及贵族间曾广为流行,随着发髻越来越高,发型也不断推陈出新。开元、天宝时期的发式特征是蓬松的大髻加步摇钗及满头插小梳子的"两鬓抱面",并开始流行戴假发义髻,使头发更显得蓬松,晚唐、五代时女性的发髻又增高了,并且在发髻上插花装饰,尤其重视牡丹花,将牡丹花插在头发上,更显得妩媚与富丽。宋初流行的花冠便是延续唐末、五代用花朵装饰头发的妆饰而来。

3. 服饰造型

隋初服饰比较朴素,隋炀帝起,社会风气发生变化,几千宫女争奇斗艳,专事妆饰,上而珠光映鬓,下而彩锦绕身,民间女性纷纷效尤,极力模仿"官装",服饰日趋华丽,这种情况一直到唐代依然如此。唐代由于经济的发展、中西文化的交流,特别是盛唐时期的经济、文化得到了全面发展,整个社会呈现出一派欣欣向荣的景象。唐代对外来的衣冠服饰,采取了兼容并蓄的态度,这使得该时期的服饰大放异彩,许多新颖的服饰纷纷出现,更富有时代特色,形成当时服饰形象的一大特色,最具代表性的是袒胸、高腰、帔巾、明衣、男装、胡服以及所谓的"时世装"等。唐代女性服饰最为人所称道的是它所展现的性感魅力,强调体态的美感,这是其他朝代所没有的,透明、多层次的穿着开始引领风骚,其中最著名的便是明衣的使用。明衣原属礼服的中单,是用透明的薄纱所制成。在以往是拿来当内衣穿着的,但盛唐时期却将明衣拿来当外衣穿着,并称为盛装。这时期的仕女形象是袒胸短襦、肩披宽长的肩巾、紧身窄袖、内着抹胸、下装多穿裙子,且腰束得极高,甚至高过胸部,裙色以红、紫、黄、绿最多,而红色又最为流行,又常有间色。帔帛是唐代女性服饰的一大特色,这帔帛有宽有窄,但多以轻柔的织品为主,一般披在肩上,但也有披在两臂的,从张萱的《捣练图》可以看得很清楚。胡服在此时影响巨大,尤其是对裤褶服饰的产生,将秦汉时期那种交领、宽衣大衫、曳地长裙的服饰淘汰掉,转为盘领、紧身窄袖、合身的短衫短襦、瘦长裙所替代。女扮男装也是唐代服饰的特点之一。

五、宋朝时期人的形象设计

两宋时期的统治思想是以程颢、程颐兄弟与朱熹为代表的,以儒学为核心的儒、道、佛相互渗透的思想体系——理学,学术界称之为"程朱理学",其提倡的"存天理而灭人欲"的哲学体系影响到美学理论,出现了宋代(特别是南宋)的理性之美。体现在形象设计上一反唐代的奢华,以纤丽、端庄与清秀为美,这也恰好与宋代女性的苗条身材相协调(图2-33~图2-35)。

图2-33　宋朝女贵形象　　　　图2-34　宋朝发型　　　　图2-35　宋朝女性形象

1. 化妆造型

宋朝女性的化妆造型属于清新、雅致、自然的薄妆类型，不过擦白抹红还是脸部化妆的基本要素，化妆方法仍然是红妆，保留了唐朝五代以来西北地区民族在眼部下方彩绘图案的妆饰法，但不是很普遍，只能算是地区性的流行，眉式大致承袭唐、五代余风，但开始变得清秀，并以纤细秀丽的蛾眉为主流，唇式以"歌唇清韵一樱多"的樱桃小口为美。此外，宋朝女性戴耳饰风气也非常兴盛。

2. 发式造型

宋朝时期女性的发式造型多承前代遗风，也以高髻为尚，且发髻之高大，可谓比唐代有过之而无不及，不过也有其独特的风格，"朝天髻"就是当时典型的发髻之一，这种发型需要掺杂假发的辅助，以达到向高大发展的效果。宋朝的发型大致可分为高髻和低髻，高髻多为贵妇所梳，一般平民女性则多梳低髻。

3. 服饰造型

整个宋人的服饰，与唐代服饰比较，较多沿袭传统服饰，但又不乏颇具创新的形制式样，清新、朴实、自然、雅致是其特征，女性的服饰形象与汉代近似，瘦长、窄袖、交领、右衽的襦衣，颜色淡雅的各式长裙最为普遍，通常在衣裳外边再穿对襟长袖褙子，左右肋下开衩，有的也滚花边，衣襟则开敞不系。一般宋朝仕女的下装以裙子为主，但也有长裤，在"杂剧人物图"中还可以看到袜裤的使用。宋朝仕女有缠足的习俗，一般裙长都不及地，便于露出娇小玲珑的"三寸金莲"。

六、辽金元时期人的形象设计

五代十国后，辽、金、元（蒙古）与两宋前后并存，它们分别生活在中国的北方和东北地区，无论男女都长年过着以畜牧为主的游荡生活，生活习惯、衣冠服饰和汉族截然不同，因此他们的形象设计既沿袭汉、唐、宋代的特点，又有本民族的特色（图2-36 ~图2-38）。

图 2-36　辽代髡发造型　　　图 2-37　元代女性形象　　　图 2-38　元代发型

1. 化妆造型

辽金元女性的化妆只有有限的几种造型，没有汉族女性那样种类齐全和细致考究，但都充满着一种异族情调。辽代女性最大的特色是以一种如金色般的黄粉涂在脸上，用"红眉"来搭配，这种化妆称为"佛妆"，其由来和佛教有关；金代女性有在眉心装饰花钿做"花钿妆"的习惯；至于元代（蒙古）女性在面妆上，也喜欢用黄粉涂在额部，画颇具特色的"一字眉"。

2. 发式造型

辽代的发式造型是一种特有的髡发式样，据文献记载和考古资料反映，辽代契丹不论男女，均髡发（就是剃去头上一定部位的头发），女性也有高髻、双髻或螺髻，少数为披发式样，并善于运用彩色丝带系扎发髻来作为装饰；金代的女性和男性一般都留辫发，男性辫发垂肩，不同的是女性则辫发盘髻，并根据自己的喜好裹逍遥巾或头巾；元代女性的发式变化较多，女性仍有梳高髻，诗句"云绾盘龙一把丝"，其中的"盘龙"就是一种高髻，也称为"龙盘髻"，平民女性常梳"椎髻"，就连贵族也常梳这种发髻，此外，还有少女或侍女梳双垂辫、双垂髻、双髻丫、双垂鬟等发式。

3. 服饰造型

辽、金、元在掌握政权的地区，服饰造型等虽然保存了一部分汉制，但更多地体现了少数民族的特点。辽代的服装以长袍为主，一般为左衽，圆领窄袖，袍带系于胸前，下垂至膝，后受汉文化影响创建体制并不统一的冠服制度；金代服饰初与辽代相似，后得宋朝半壁江山后参照宋制而逐步建立了上自皇帝、下及庶民的服制；元代（蒙古）初始衣冠服饰比较简朴，入主中原之后，在生活习俗上受汉族影响，服饰日趋华丽，由于民族性的差异，这一时期的服饰分蒙制及汉制两种，典型蒙制的冠服是以"姑姑冠"为主的袍服（交领、左衽，长及膝，下着长裙，足着软皮鞋），汉制的女性服饰仍沿用宋代的样式，以交领右衽的大袖衫或窄袖衫为主（上穿窄袖的长褙子，下穿百褶裙，内着裤，足穿浅底履）。

七、明朝时期人的形象设计

明朝是中国历史上社会内部结构发生重大变化而又缓慢的朝代,资本主义生产关系的萌芽也在这一时期出现。明朝对整顿和恢复传统的汉族礼仪十分重视,根据汉族传统习俗,上采周汉,下取唐宋,结合当时的美学思潮,形成了清淡、简约的形象设计造型(图2-39～图2-41)。

图2-39　明朝女性形象　　　　图2-40　明朝女贵形象　　　　图2-41　明朝女性发型

1. 化妆造型

明朝女性的化妆造型已没有唐宋女性面部妆饰得那样华丽,那样多变化,而是偏向秀美、清丽的造型,虽然少不了涂脂抹粉的红妆,但纤细而略微弯曲的眉毛,细小的眼睛,薄薄的嘴唇配上白净的脸,使清秀的脸庞显得纤细优雅,当时的这种造型就像明代画家唐寅所说的"鸡卵脸、柳叶眉、鲤鱼嘴、葱管鼻"。此外,明朝江浙一带还出现了一种整容化妆方式,称为"开脸",亦称"剃脸""开面""卷面"等,就是用丝线绞除脸面上的汗毛、修齐鬓角和眉毛。这种整容化妆在海南等地方,时至今日还能看到。

2. 发式造型

明朝女性的发式造型起初变化不大,基本上仍保留宋元时期的式样,但在发髻的高度上收敛了不少。明朝中晚期,女性发型开始由扁圆趋于长圆,出现了"挑心髻""鹅胆心髻""灵蛇髻""盘龙髻""堕马髻"等名目繁多的发式,"堕马髻"是模仿汉朝的发式,但不尽相同,明朝堕马髻是后垂状,梳时将头发全往后梳,挽成一个大髻在脑后。

3. 服饰造型

这个时期的男性服装恢复了唐宋传统特色,以袍衫为尚。职官朝服,仍承冠冕古制。女性的主要标志有衫、袄、霞帔、背子、比甲和裙子等。衣服的基本样式大多仿自唐宋,一般都用右衽,恢复了汉族的习俗。命妇所穿的礼服是以凤冠、霞帔、大袖衫及背子等组成,平常以长袄长裙为主;普通女性的礼服为紫色粗布;仕女服饰崇尚窄瘦合身,一般以合领对襟的窄袖罗衫与贴身瘦长的百褶裙为主,是明代较有特色的服饰,礼服一般以宽衣大袍的大袖衫为主,便服则以合身、窄瘦、修长的长袄与长裙为主。这时期云肩、比甲（长背心）的使用最具特色，喜欢将在家穿的比甲当外出服使用，配上瘦长裤或大口裤。一般女性穿的仍是右衽、窄袖，领、袖、襟多有缘边为饰长袄，衣身窄长至膝，腰不束带，下身瘦长的百褶裙，尖足小履，服饰上多以团花为饰，喜用紫、绿、桃红及各种浅淡色，至于大红、鸦青、黄色等只有皇家贵族才能使用。明代缠足之风非常盛行，成为美的品评标准。

八、清朝时期人的形象设计

清朝统一全国后，随着政治、经济、军事的进一步巩固，18世纪后期成为亚洲东部最强大的封建国家，鸦片战争以后，各资本主义列强的入侵使其成为一个半殖民地半封建的社会，直至资产阶级领导的辛亥革命推翻清王朝，中国才结束了长达2000多年的封建君主专制制度，清统治后要求汉族人民的"衣冠悉尊本朝制度"，虽然充满着尖锐的民族斗争的血腥气息，但满汉两种不同文化却在相互渗透、交融中都得到了继承和发展，使当时的形象设计在不同文化的碰撞融合中出现崭新的面貌，晚清时西方文化的渗入，更为20世纪初中西并存的形象设计奠定了基础（图2-42～图2-44）。

图2-42 清朝女贵形象

图2-43 清朝女性形象

图2-44 清朝旗女发型

1. 化妆造型

清朝女性的化妆造型也像明朝女性一样薄施朱粉、轻淡雅致，形成面庞秀美、弯曲细眉、细眼、薄小嘴唇的形象，晚清时受西方文化的影响，时尚女性的化妆已经逐渐西化，传统的化妆旧法几乎全被淘汰。

2. 发式造型

清朝女性的发式造型有满式、汉式分别，满族女性多梳一种横长形的髻式"一字头"，这是满族女性最常梳盘的发型，旗头的髻式是将长长的头发由前向后梳，再分成两股向上盘绕在一根"偏方"上，形成横向如一字形的发髻，因为是在发髻中插以架子般的钿子支撑，也称"架子头""两把头"，晚清时发展为"大拉翅"；汉族男性从满俗，女性则多沿用明朝的发型式样，当时流行的发式有"牡丹头""荷花头""钵盂头""松鬓扁髻"等式样，随着高髻的过时，取而代之的是平髻、长髻。清朝初期，满汉还各自保留原有的传统，尔后相互交流影响，便也逐渐产生变化了。晚清时梳辫逐渐流行，流行在额面前蓄留短发（称为"前刘海"）也是这个时期女性发式的一大特色，宣统年间，更有将额发与鬓发相合垂于额旁两边的"美人髻"。

3. 服饰造型

清代满族女性的服饰造型内容包括：旗袍、大衫、大褂、宽口裤、宽褶裙。这类服饰多为合领右衽，领、襟、袖饰有宽大边以作为装饰，袖短而口宽，长仅及手；袍在身侧开高衩，下穿宽口大裤，足蹬花盆鞋，是典型清代满族女性的服饰。汉族女性则延续明代的风格，以大衫或大褂为外衣，合领右衽，袖短而宽，领缘、袖、襟皆饰有宽大的襕边，下穿宽大的百褶裙，裙长至足，内穿宽口大裤，裤脚缘边亦饰有襕边装饰；下穿绣花鞋，缠足之风仍十分盛行。满汉交流中融合两族风味的大襟长褂是合领右衽，以满族的长褂配合汉族的发型、长裙、绣花鞋而成的新造型，晚清时由于西式服装的功能合理性，受到了时尚女性的青睐，为形象设计向现代变化产生一定作用。

第四节　现代形象设计发展概况

一、1900～1910年时期人的形象设计

1. 化妆造型

西方女性积极地使用化妆品以求得有个优雅的气质形象，色彩开始丰富艳丽，特别注重眼部化妆；中国女性仍然是面庞秀美、弯曲细眉、细眼、薄小嘴唇的晚清形象。

图2-45　西方女性发型

2. 发式造型

西方时尚女性较之前在发型上最大的改变，就是将波浪卷发在颈背处挽成髻，后来流行较高的发髻，普通女性通常都留着长发，并把长发盘起；中国时尚女性开始梳时髦的S髻，额前留刘海，并有西式发型出现，普通女性的发型依然沿袭晚清遗制（图2-45）。

3. 服饰造型

西方女性受新艺术设计美学的影响，整体形象由19世纪的古典逐渐进入现代，在体态上也运用穿着"束腹"，来形成一种强调"S"形的轮廓美，腰特别细，胸的位置高而乳峰高耸成半圆形，小腹被逼迫得尽量收缩而使臀部后翘，也有先锋派的女性开始穿男装，她们戴鸭舌帽、着高领衬衫、打领带；中国女性的服饰造型有效仿西式的，但大部分还是晚清遗制（图2-46、图2-47）。

图2-46　1890～1907年西方女性形象的变迁

二、1910～1920年时期人的形象设计

1. 化妆造型

西方女性受第一次世界大战物资缺乏的影响，在化妆修饰上讲求实用价值，基本上是以维持简单的清洁为主；中国时尚女性的化妆已经逐渐西化，普通女性化妆简单，细长的柳叶眉配以朱红的小嘴最为流行。

2. 发式造型

西方女性受第一次世界大战的影响，短发时兴，并烫成波纹型，自然舒适，甚至把头发剪得像小男孩一样，对发型的后期发展影响很大。长发的女子把头发做得像古希腊、古埃及时代的女子，简单地把头发挽成一个松散的结，轻松而利索，用束发带束住，染发、烫发也开始流行。中国女性初期流行刘海头和长辫等，随后流行剪发，以缎带扎起，或以珠宝翠石和鲜花织成发箍（图2-48）。

图2-47　中国女性形象　　　　　　　图2-48　中国女性发型

3. 服饰造型

西方女性在战争时期开始从事社会服务工作，之前所追求的"S"形轮廓美开始向自然体态发展，整个上身从胸到腰都较为宽松，使人体天然形态得到比较有个性的自然表露，裙子变得较紧凑适体，以表现女子腿部的曲线美，战争使女性穿上了男军装，开了女装男性化的先河；中国女性主要是各式袄裙和受西式服饰影响所形成的富有中国特色的改良旗袍（其造型是衣领紧扣，曲线鲜明，加以斜襟的韵律，从而衬托出东方女性端庄、典雅、沉静、含蓄的芳姿），至此中国女性才领略到"曲线美"，"五四"运动前后女学生则流行"文明新装"（图2-49～图2-51）。

图2-49　1912～1919年西方女性形象的变迁

图2-50　中国女性形象

图2-51　中国学生形象

三、1920～1930年时期人的形象设计

1. 化妆造型

西方女性由于在发型上强调一种看起来像是小男生的短发为主，为了不失女人味，开始化浓重的妆，施厚的白粉，画黑的眼圈，搽红的胭脂，涂强烈饱和的口红，尤其是以腮红与眼影的表现来强调女性化的气质；中国时尚女性以西化的眼影和翻翘的睫毛，加上一抹鲜红性感的嘴唇为特点，普通女性则以晕红的双颊及樱桃小口，配以细长且尾部略上挑的眉形，表现脸部的柔和神态和温婉之美。

2. 发式造型

西方女性受到现实主义以及第一次世界大战的影响,把头发剪得很短、很整齐,像个小男孩一样,在颊边弯一个小圈圈,以突出妩媚的装饰效果,这种强调帅气的发型被称为"男孩发型";中国女性出自对欧美时尚的认同和追逐,开始流行烫发。

3. 服饰造型

西方女性受文艺复兴时期服装及各历史时代的风情影响,在体态上出现一种追求"利落、直线、简洁"以及"不强调曲线变化"的长条型,苗条纤细的身材更成为20世纪20年代最具美感的理想体态,形成了"中世纪服装""维多利亚时期服装"等流派,也出现"西班牙风情服装""俄罗斯舞蹈服装"等;中国女性除西式裙装外,最流行旗袍。紧腰大开衩旗袍,佩项链、胸花、手套,腿上套透明高筒丝袜,足蹬高跟皮鞋,成为这一时期中西结合较为成功的女性服饰形象(图2-52、图2-53)。

图2-52　1919～1930年西方女性形象的变迁

图2-53　中国女性形象

四、1930～1940年时期人的形象设计

1. 化妆造型

西方女性强调"妩媚""成熟"的造型，化妆十分艳丽，强调轮廓清晰，唇形丰满，眉毛画得又弯又细，并在双眼按上假睫毛，在容貌上特别强调"细柳眉"以及"长睫毛"，并以此作为当时理想美的代表形象；中国女性在化妆上仍是表现五官的柔美与立体感，除了运用色的深浅修饰外，描画的线条多以圆弧形表现婉约之美，优雅细致的睫毛及纤细的眉形是当时的特色。

2. 发式造型

由于出现了烫发机，使女性在发型上出现重大的变革，当时西方女性最时髦的发型款式，就是遮住耳朵，头发的上半部比较服帖，下半部经热烫之后形成的"卷曲而僵硬"的短发造型，有点类似现在的外反翘式，此外"爱德华式"发型在当时也较为流行，这种发型采用全部往上倒梳的方法，在头顶烫一些小卷，并用发夹固定，与现在新娘盘发相似；中国女性在当时非常流行烫发的样式，有长波浪、短波浪、大卷、小卷等，更有将头发染成红色、黄色或褐色的，最常见的则是一种中长发型，女学生几乎是清一色的齐耳短发。

3. 服饰造型

西方女性受美国好莱坞的影响，强调的是一种"成熟""妩媚""性感""表现曲线"的理想体态美，女装改变了20世纪20年代那种短小紧凑的基本式样，逐渐加长，甚至达到长裙拖地的程度，追求苗条、修长的效果，不强调腰、胸、臀部等优雅的女性特征，人体轮廓基本上是呈平直的，而表现玲珑有致的"流线型"体态，更是当时最具美感的形象；中国女性则围绕思想潮流的此消彼长，旗袍在长短、宽窄、开衩高低以及袖长袖短、领高领低等方面展开"较量"，一款款曲线玲珑的旗袍成为当时的标志性装束，更有令人目不暇接的、几乎与欧美同步流行的各式时装（图2-54、图2-55）。

图2-54　1930～1939年西方女性形象的变迁

图2-55 中国女性时尚形象

五、1940～1950年时期人的形象设计

1.化妆造型

西方女性受到战争时期物资缺乏的影响，对容貌的要求仅以干净清洁为上，战后又重新恢复重视化妆的习惯，通过安假睫毛、描眉、勾眼线等手法，把眼睛画得格外突出、明显，清新简洁的杏仁眼成为当时的流行妆容；中国女性以自然柔和而弯曲的眉毛为当时的化妆特色，强调唇部线条，表现艳丽而稍丰满的唇形，不侧重眼线与眼影的描画，形成一种内敛式的性感美，解放区的女性由于物质的匮乏，面部的修饰则以干净清洁为主。

2.发式造型

西方女性由于受到战事的影响，只强调以整理方便为原则的款式，战后受到服装大师迪奥的"新外观"风潮影响，又重新恢复到表现"华丽具有女性化"形象的发型上来；中国女性除流行烫发外，还流行额发高耸前冲的发型，解放区的女性则是简约大方的短发和梳辫。

3.服饰造型

西方女性在战争时期强调的是一种"刚毅坚强，甚至是具男性气概"的形象，多穿式样简单的军服，戴军帽，穿男式衫，等等，不同于之前那种强调曲线的体态美，战后受"新外观"影响，又开始恢复追寻"强调柔顺婉约，且深具女性化特质"的体态，为了达到这种理想美，许多女性甚至又开始穿着"束腹"，以达到新标准的体态轮廓；中国女性开始流行毛蓝布（一种称为"爱国布"的面料）的无袖旗袍，解放区的女性则穿朴素的粗布军装（图2-56、图2-57）。

图2-56 中国时尚女性形象

图2-57 1939～1949年西方女性形象的变迁

六、1950～1960年时期人的形象设计

1. 化妆造型

西方女性以五官分明的风格为主，强调自信、刚强的粗眉造型，唇形开始强调大而丰满，眼部化妆以蓝、绿、咖啡色为主，重视上眼线，描画内眼角，眼尾夸张上扬，并配以浓密的假睫毛；新中国内地（大陆）女性在化妆上逐渐与港台地区的发展状况截然不同，前期的化妆基本还是沿袭民国时期的化妆风格，演艺界在正式场合依旧是浓妆艳抹，普通女性还是以干净清洁为主，人们不再涂脂抹粉，港台地区的女性化妆则是竞相模仿欧美影星的化妆造型，用蓝色眼影与假睫毛，配上浓艳精细的嘴唇，在东方人相对扁平、圆润的脸上塑造立体感的妆型。

2. 发式造型

西方女性依旧延续战后的女性化形象，并在款式上有了较多的变化，另受美国大众文化的影响，一种用缎带把头发在后脑处扎成一束，再自然下垂的马尾发式成为了欧美流行的款式；新中国内地（大陆）女性前期在发型上继续流行烫发和梳髻，普通女性还是保持着最朴素的短发和梳辫，后期就不再有烫发、梳髻的发式，港台地区的女性继续流行烫发和梳髻，以及西方较为简洁的发式。

3. 服饰造型

西方女性前期以展现性感的身材为主要特征，对胸部特别强调的晚礼服和维多利亚风格依然盛行，上身小而紧凑，肩部全裸，不用吊带，领口开得很低，几乎到胸部，裙子则用衬裙撑得很饱满，中后期女装明显地趋向简单随意，强调了活动的自由与舒适的感觉，也奠定了现代女装朴素、简洁的着装格调；新中国内地（大陆）女性前期为改良旗袍，后被布拉吉（连衣裙）、花布衣服所替代，港台地区的女性则流行西式服装和旗袍，并开始在款式造型上受西方流行的影响（图2-58～图2-60）。

图2-58 影响欧美女性的梦露形象

图2-59 新中国女性形象

图2-60 港台女性形象

七、1960～1970年时期人的形象设计

1. 化妆造型

西方女性为了强调年轻的形象，化妆上用银色或无彩妆的造型，成为这一时代的象征，化妆出现了大的革命，假睫毛被重叠使用，下睫毛刷出泪印，粗犷眼线和眼部涂双层阴影使眼眶深而浓，唇形厚、肉感、高光的妆面大受欢迎，另受到"嬉皮士"运动的影响，在脸上画上花朵图案来作为装饰，不涂口红，眼睛抹着色彩极浓艳的眼影；中国内地（大陆）女性几乎没有任何粉饰，港台地区的女性眼部化妆大量使用浓密的假睫毛，用眼线笔画出下眼线，上眼线在眼尾处上挑并加深，使眼部更引人注目，略有角度的细眉成为焦点，唇形依旧丰满，并使用鲜艳的唇膏，后期眉毛变淡，不再有角度，丰唇有所收敛，化妆重点放在眼线的勾勒和假睫毛的使用上。

2. 发式造型

西方女性受"年轻文化"的影响，剪成利落的短发以追求一种年轻的形象是极具代表性的，有的受"反文化"的影响将头发松松地梳向头顶，然后再任其洒向肩膀，后期开始留不受束缚的乱糟糟的披肩长发，头上还插花戴朵；中国内地（大陆）女性的发型前期流行久违的大波浪、刘海式、发髻式和烫过发梢的"马尾"，在"不爱红装爱武装"的影响和"时代不同了，男女都一样"的号召中就只有辫子、短发、"刷子"头和"炊帚"头了，港台地区的女性已和西方同步。

3. 服饰造型

西方女性为了追求年轻青春的体态美审美标准，色彩单纯和式样简洁、轻便、年轻化而富于机能性的迷你短裙、喇叭裤成为这时的流行，晚礼服则是紧身的上装如小背心似的非常适体，突出胸部和腰部；中国内地（大陆）女性前期在蓝灰黑的列宁装、制服的主流中，出现了各种裙装花样，旗袍也开始复归，后期军装成为最时髦的装束，格子、小花布衬衫，配上毛巾和草帽则流露出当时女知青的秀丽和娇美，港台地区的女性在与西方同步的同时，琼瑶电影中的装扮也成为流行的范本（图2-61～图2-66）。

图2-61　迷你形象

图2-62　"小男孩"发型

图2-63　蒙德里安式样

图2-64　中国女性形象

图2-65　女学生军装形象

图2-66　港台地区女性形象

八、1970～1980年时期人的形象设计

1. 化妆造型

西方女性的化妆造型一改以往点、线式手法，而成大块色彩晕染的块面式画法，眼影用两三种色彩晕出浓黑眼眶、立体式眼睑，颊影的大块面渲染使脸更有立体感，鼻部饰物开始出现，亮粉质的化妆品大受欢迎，另受到欧美流行音乐界男性歌手浓妆艳抹的影响，奠定了日后两性性别在形象上出现倒置发展的基础，后期"朋克"集团的化妆都很古怪，常在脸上或眼圈附近涂一些闪闪发亮的刺眼颜色，甚至把一只眼画成几何形（图2-67）。这种离奇、变态、怪诞的追求，反映了当时部分青年精神上的空虚迷惘；中国内地（大陆）女性前期和上个时代一样，改革开放的春风使涂口红、描眉、画眼圈等化妆开始走入女性生活，港台地区的女性则是以丰

富多彩的眼影着重眼部的变化,并通过眼影的明暗对比来表现眼部的深邃及五官的立体,眼线画法趋向自然,眉毛只是稍加修正。

2. 发式造型

西方女性的"长直发"逐渐被"长卷发"所取代,头发逐层削剪依头型略略堆起,吹出一些轻柔的波纹,然后梳向颈后,刚刚盖着衣领,与此相似的一种"洋葱头"发型,也特别受年轻人喜欢,而美国女明星法拉·佛西所带动"法拉头",可说是最具代表性的发型款式。后期"朋克"集团在发型方面走向极端,头发理得很短甚至剃光,并把头发染成红、蓝、黑、绿等不同颜色(图2-68);中国内地(大陆)女性在改革开放之初的流行发式是波浪翻卷的烫发造型,港台地区的女性则以当时的影星发型为流行风向标(图2-69~图2-71)。

图2-67 朋克发式造型

图2-68 运动休闲形象

图2-69 女知青形象

图2-70 城市女性形象

图2-71 港台地区女性形象

3. 服饰造型

西方女性开始重视自信的形象，纷纷以运动的方式来锻炼身体，这一时期民族风、运动休闲等多种风格同时出现，令当时的世界时尚舞台呈现出前所未有的多元化，中期很盛行牛仔服装，并从此风靡全世界，多姿多彩的套头衫也成为最时尚的日常服装，后期逐渐以回归自然、寻求安宁、舒适为主题，由此结束了喧嚣的嬉皮士风潮；中国内地（大陆）女性前期在蓝灰黑的世界里看到的只有格子、花布衬衫，后期，赤橙黄绿青蓝紫代替了单调沉闷的蓝灰黑，色彩鲜艳的裙装和羊毛衫是最为流行的款式，港台地区的女性则开始流行迷你裙、热裤、喇叭裤和象征年轻、休闲的牛仔裤，以及露背装和宽大领型的衬衫。

九、1980～1990年时期人的形象设计

1. 化妆造型

几乎每个西方女性都因"化妆是一种礼貌""化妆能增加信心"等观念去适当装扮自己，受富裕、奢靡的社会风气影响，化妆日趋浮华绚丽，眼影以重叠使用暗色、瑰丽色、闪亮色组合来表现华丽，为使脸部呈现立体感，常使用过度的腮红及眼线修饰，并借阴影感的效果呈现个性美，年轻女性由于受到"朋克"集团的影响，在脸部出现怪异的彩妆，后期则因受复古风的影响，大多数女性的化妆是自然的眉形、温和的眼影、柔软的线条；中国女性的化妆开始讲究白或红润的底色、乌漆的粗黑眉、彩蕴的眼影、清晰的眼线、红苹果式的腮红、油亮的红唇。

2. 发式造型

西方女性最具代表性的发型款式，当是英国王妃黛安娜所带动流行的"黛安娜"发型，在美发流行界中也出现代表"朋克"集团的"刺猬状"发型，中国女性则是微曲的发鬓、卷曲的刘海和烫卷的长波浪（图2-72、图2-73）。

3. 服饰造型

西方女性所追求的是理想美，以纤细高挑的身材为主，在戏剧般浪漫主义倾向影响下条纹图案和海员服大行其道，使人联想起16世纪的航海者，职业女性的流行色中几乎排除了大红大紫，而以中性色唱主角，款式上内长外短、层叠穿法、针织类与棉制品互为配搭、功能错落互替，使服饰呈现无序的丰富视觉效果，高级晚装中豪华的巴洛克风格纷纷亮相，与此相反，一些前卫的年轻人却在强烈的自我表现欲的驱使下，完全不顾品牌，只凭自己的喜好打扮自己，这一时期甚至出现了故意把下摆裁斜、把毛衣做出破洞、露着毛茬的"乞丐装"；中国女性的时髦装束是各式各样的红黄裙子，以及乞丐衫、巴拿马裤、蝙蝠衫、牛仔装、喇叭裤（图2-74）。

十、1990～2000年时期人的形象设计

1. 化妆造型

西方女性受"反唯美式美学"观点影响出现了黑眼圈的流行妆容，20世纪90年代整个化妆色彩较为娇艳，弯如新月的眉毛像40年代一样强调弧度、纤细的嘴唇加上亚光色的唇膏、夸张的眼部造型和长而翘起的眼睫毛，都是化妆的重点；中国女性的化妆品位已经和世界同步了，立体化妆、面饰、文身、彩绘等新创意在当时发挥得淋漓尽致，呈现出不同于往昔年

图2-72　黛安娜王妃形象　　　　　　　图2-73　朋克集团的刺猬发型和文身

图2-74　中国时尚女性形象

代的风情，尤其是形象设计理念的推出，使之在自我形象的设计上更加自我和个性化。

2. 发式造型

西方女性受多元文化的影响，发型不再为某一种潮流所主宰，以往每个年代曾经流行过的元素，透过设计师富有创意的排列组合，都在这个年代以新的姿态重新上演，挑染技术的日益成熟也带来前所未有的新乐趣，值得一提的是"乱发"也能成为一种具有时尚的发型；中国女性在沙宣的直发美观念下从长波浪的卷发中走了出来，染发成为时尚，前卫女性更是破天荒地出现板寸甚至是光头。

3. 服饰造型

西方女性和中国女性以追逐"高挑纤细、玲珑有致、丰满胸部"的理想体态美为主，天桥上完美身材、娇美面容和精致绝伦的服饰代言人成为众人瞩目的焦点；伴随香港回归这一世纪盛事的到来，世界时装范围内的"中国风大起"，一时间"中国娃娃"成为人们最喜爱的流行形象；后期灰色的优雅与迷茫占据了世纪末年轻人的心，一时之间，所有的女孩子都穿起了深浅不同的灰色，除此之外，憧憬未来的人们又开始尝试"未来感"运动装，新世纪来临之际，无论是职业装还是休闲装都向明净柔和的色调靠拢，以简洁的无扣装与具有未来感和展望性的运动风格装来装扮自己，以迎接那新旧世纪之交的神秘庄严（图2-75）。

图2-75　多元化的20世纪末女性形象

复习思考题

1. 为什么说形象设计起源于装饰？
2. 简述人类对自身形象装饰的形式。
3. 简述现代形象设计的历史发展。
4. 试述古罗马人形象设计的特点。
5. 试述隋唐五代时期人形象设计的特点。

Introduction to Image Design

第三章 / 形象设计的设计元素

学习目标

了解形象设计元素的基本概念、特征，掌握各设计元素在形象设计中的具体运用和表现。

形象设计的设计元素是指包括形态、色彩、光线、肌理在内的视觉对象。正如语言是由文字、词汇、句法构成的一样，形象设计师就是借助于蕴含着各种信息的视觉语言，将一个完整的视觉信息传达给受众对象。

Chapter 03

第一节　形象设计的形态元素

形态要素是进行形象设计的基本元素，它主要包括点、线、面、体。设计师就是通过点、线、面、体所构成的具象或抽象的、平面或立体的各种形态要素，有机地结合在一起构成一个完整的形象。

设计师在形象设计中运用点、线、面来进行构思、设计，形成整体想象力，应了解点、线、面、体的要素特征。

一、点

1. 点的意义

点是没有长短、宽度和深度的、零次元、非物质的存在，具有最小极限的性格，虽然有位置，但没有大小，产生于线的界限、端点和交叉处。一个点，就是一种强调，成为注视的存在；两个点时，点和点之间就产生视线诱导。

2. 点的形状及表现效果

点可归纳为两类：一是几何形的点，如正方形、三角形、圆形等给人以规则、整齐、清晰、明快的印象；二是任意形的点，形态不规则、边线不整齐，给人以活泼、随意、轻松、愉快的感受（图3-1）。

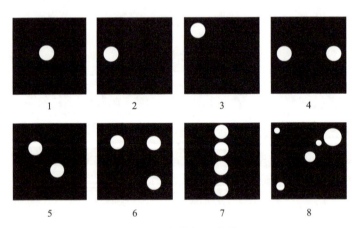

图3-1　点的心理感觉

3. 点在形象中的作用

点是非常小的东西，也是最单纯、最简单的形态，它是靠周围的其他因素对比产生的。形象中的点能够丰富外观造型，起到画龙点睛的作用。它们既可自然随意，也可秩序井然，要么生动明朗，要么整齐规范。

4. 点在形象设计中的应用

形象设计中的点是指外形较细小的形态，如纽扣、项链、胸针、面饰、发饰、耳饰以及服装面料图案中涉及点的形态，一个点可以使视线集中，起到吸引的作用；两点时可产生方向感，或横列、竖列、斜列等，点与点之间暗示出线的流动；众多的点排列时可产生明显的方向性，垂直排列有下坠的节奏感，散点排列有面积感和扩张感，大小不同的点组合时，又可产生空间感和立体感；大型的点显得活跃有力，小型的点显得文弱无力（图3-2）。

(a)　　　　　　　　　　(b)　　　　　　　　　　(c)

图3-2　点在形象设计中的应用

二、线

1. 线的意义

线和点一样，是不可视的形态，是没有面积，没有长度、宽度和深度的一次元的存在。线存在于点的移动轨迹、面的界限、面的交叉和面被切开的切口处。虽然线没有长度和宽度，但在作为可视形态表现时，其宽度必须短于长度。线和面的辨别与点和面的辨别一样，是相对的。

2. 线的种类及表现效果

线可分为简洁轻快的直线和流畅迂回的曲线（图3-3）。

（1）直线

具有硬直、单纯、男性的形象。粗直线给人一种坚强的、纯的、重的感觉，细直线则有弱的、神经质的、敏锐的感觉。直线可分为水平线、垂直线、斜线三种形态。

① 垂直线能给人单纯、清晰、线条、刚直、向上感，显得严肃理性。有强调高度的作用，在形象设计中常借助垂直线分割弥补矮胖体形的缺陷。

② 水平线能给人静的、限制的、被动的感觉，具有广阔的性格。用于肩部给人以开朗、大度之感，用于腰部的

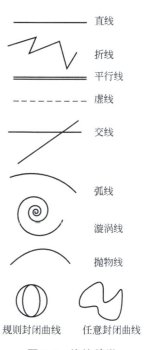

图3-3　线的种类

水平线具有收拢效果。

③ 斜线能给人活动的、不安定的、刺激性的感觉，具有垂直线和水平线所没有的自由和活动的性格，可以构成各种角度，不同的角度所产生的效果也不相同，接近垂直线会增加高度，接近水平线会增加宽度。用斜线来装饰，形象造型可显得生动、活泼、苗条、潇洒。

（2）曲线

曲线的种类很多可以形成圆、半圆、弧线、波形线、螺旋线等，具有温和、女性化、优美、温暖、富有立体感等特性。适合表现女性柔和、圆润的阴柔之美，给人以自由舒畅、优美轻盈的韵律感。

3. 线在形象中的作用

线是表达能力最强、变化最丰富的一种要素，人们看一样东西美不美，主要是看它的外形线美不美，线条在形象中的作用，关系到设计的整体效果，它可以改变形象的风格，也直接影响形象美感的效果。形象中线条的运用会创造出千变万化的造型，线条的长短、粗细，线质的软硬、曲直，都具有不同的表现力，优美的、坚硬的、粗涩的、精细的，无不赋予线一种性格，因此，它是一种表达丰富感情的语言。

4. 线在形象设计中的应用

在形象设计中，线条具有迷人的魅力，不少形象设计都倾向于表现线条的各种变化，追求展示现代形象的气息，如头饰、发型、化妆、服饰、服装等都常应用线的形态。线与线的组合可以产生节律感；等距离的机械排列给人以节律感；不等距的反复组合，又给人以欢快活跃的韵律感；线的相互交叉产生整齐理性的格律感；不同方向排列的线，可以改变原始线的特性，而产生一种错视效果；平行排列的线，具有扩张宽度和强调高度的作用；平淡的形象，可以借助线条来增添风采；体型有缺陷的人，可以借助线条变化来掩饰自身的不足（图3-4）。

图3-4　线在形象设计中的应用

三、面

1. 面的意义

面是扩大的点、加宽的线、线的运动轨迹等，是立体的界限，是边的上下左右有一定广度的二次空间。面切开就会产生新的面，点的密集、线的密集度增大时也会形成面，面有长度和宽度而无深度或厚度，它是体的表面，界定着体的形状和大小。

2. 面的种类及表现效果

面的形态可以分为几何形和有机形（图3-5）。

（1）几何形的面

几何形的面是由方形、角形、圆形等规则的几何图形组成的。

① 方形包括正方形和长方形，具有端庄、严肃、简洁、大方、朴实的特点。因人在生活中对直角的特殊感受，通常给人稳固、坚定、不易改变的心理效应，适于表现厚重、有力、固执等概念。

图3-5 面的种类

② 角形包括正三角形和倒三角形，具有向空间挑战的动态个性，表现出激烈扩张的感觉，由于特有的稳固结构和尖锐突出，给人以紧张感，带有较强的不安定性和刺激性，垂直的等腰三角形、等边三角形则有稳固、坚实、不可撼动的感觉。

③ 圆形包括正圆和椭圆，具有柔软性、数理性、秩序性和明快、自由、整齐的审美意味，给人以充实、圆满、活泼的感觉，正圆形的中心对称性使其柔和中见沉稳，在圆形中截取的任何一部分即是弧形，弧形比圆形更具有运动感与速度感。

（2）有机形的面

有机形的面是由曲线、直线围成的复杂的面，其个性复杂，同一形态可因观察环境和观察主体的主观心态的不同而产生理解上的变化，曲线围成的面给人以淳朴、秩序性和富于人情味的美感，直线围成的面多以斜线构成，缺少安定感，但又能产生动感。有机形融入了圆、方、角等多种因素，可表现较为复杂的情绪。

3. 面在形象中的作用

面在形象中是主题，也是最强烈和最具量感的要素，面的边缘线不同，决定了不同形状的面。形象设计就是形和色的设计，形的变化最能使人感到新鲜，它的变化对形象的变化起着决定性的作用，设计者也总是先从形入手进行设计。

4. 面在形象设计中的运用

形象设计中的面突出表现在改善体形，以及构成发型、服型变化的外形线和服型、妆型的块面分割上。

① 改善体形，就需要针对体形进行选择，如高挑身材的人选择长方形和倒三角形；矮小身材选择正方形和正三角形；身材较好的人选择曲线形外形；身材不理想的人，要借助外形来扬长避短。总之，设计的目的是要善于利用外形来表现美化人体。

② 构成发型、服型变化的外形线，发型、服型的外形线是造型的基础，也是时代风貌的体现，人们常将发型、服型的各部位视为几个大的面或区，将其按比例、有变化地组合起来，构成发型、服型的大轮廓。

③ 服型、妆型的块面经分割后，所构成的不同比例关系，能给人以不同的感受。如上衣与下裙之间要有什么长度比例才好看，脸型五官怎样相配才适宜，几种色彩组合时每种色彩应占

多大面积，等等，不同的分割，效果也各不相同，只有合理的分割，才能呈现出和谐的比例美（图3-6）。

图3-6　面在形象设计中的运用

四、体

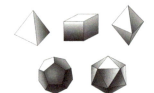

图3-7　正多面体

1.体的意义

体由面与面的组合而构成，是有长度、宽度和体积的多平面、多角度的立体形，具有占据空间的作用，最基本的立体形态有球体、圆锥体、正六面体、圆柱体、三棱锥体、棱柱体等。不同形态的体具有不同的个性，同时从不同的角度观察，体也会表现出不同的视觉形态（图3-7）。

2.体在形象中的作用

形象中体所表现的是一种量感，通过线的多种组合变化和面的形状大小，可以组成多种形态的体，厚重的体有坚实之感，轻薄的体有飘逸之感，细长的体有坚硬、挺拔之感，圆形的体有不稳定的动感，多边的体则使人感到生动活泼（图3-8）。

图3-8　体在形象设计中的体现

3.体在形象设计中的体现

体是自始至终贯穿于形象设计中的基础要素,因为人体就是立体的形态,而且始终处于运动状态,人体是一个极为复杂的多面体,而且个体差异性极大,同时也是发型、服型的载体。因此,形象设计师只有建立在对人体的理性和感性认知之上,才能设计出符合人体形态以及人体运动变化需要的形象,并通过对体的创意性设计使形象别具风格。

第二节　形象设计的色彩元素

一、色彩的概念

五光十色、绚丽缤纷的大千世界里,色彩使宇宙万物充满情感而显得生机勃勃。色彩作为一种最普遍的审美形式,存在于我们日常生活的各个方面。衣、食、住、行、用,人们几乎无所不包、无时不在地与色彩发生着密切的关系。色彩是与人的感觉(外界的刺激)和人的知觉(记忆、联想、对比等)联系在一起的。色彩感觉总是存在于色彩知觉之中,很少有孤立的色彩感觉存在。

光源、彩色物体、眼睛和大脑是人们色彩感觉形成的四大要素。这四个要素不仅使人产生色彩感觉,而且也是人能正确判断色彩的条件。在这四个要素中,如果有一个不确定或者在观察中有变化,就不能正确地判断颜色及颜色产生的效果。

光源的辐射能和物体的反射是属于物理学范畴的(图3-9),而大脑和眼睛却是生理学研究的内容(图3-10～图3-12),但是色彩永远是以物理学为基础的,而色彩感觉总包含着色彩的心理和生理作用的反映,使人产生一系列的对比与联想。

美国光学学会的色度学委员会曾经把颜色定义为:颜色是除了空间的和时间的不均匀性以外的光的一种特性,即光的辐射能刺激视网膜而引起观察者通过视觉而获得的景象。在我国国

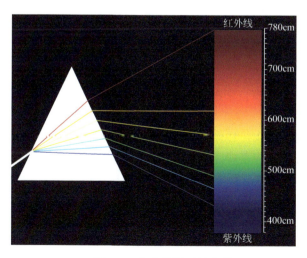

图3-9　白光分解后的光谱

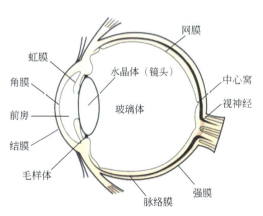

图3-10　眼睛的构造

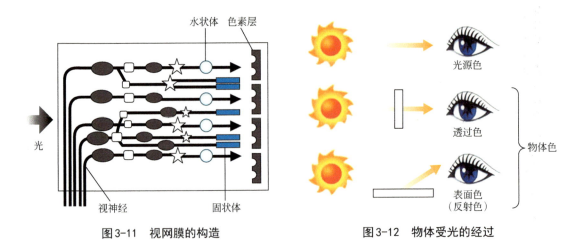

图3-11　视网膜的构造　　　　　　图3-12　物体受光的经过

家标准GB/T 5698—2001中，颜色的定义为：色是光作用于人眼引起除空间属性以外的视觉特性。根据这一定义，色是一种物理刺激作用于人眼的视觉特性，而人的视觉特性是受大脑支配的，也是一种心理反应。所以，色彩感觉不仅与物体本来的颜色特性有关，而且还受时间、空间、外表状态以及该物体的周围环境的影响，同时还受个人的经历、记忆力、看法和视觉灵敏度等各种因素的影响。

色彩是不同波长的可见光引起人眼不同的颜色感觉，是一种物理光学现象。

二、色彩的基本属性

自然界中有好多种色彩，比如玫瑰是红色的，大海是蓝色的，橘子是橙色的等，但最基本的有三种（红，黄，蓝），其他的色彩都可以由这三种色彩调和而成。我们称这三种色彩为三原色。

现实生活中的色彩可以分为有彩色和无彩色。其中黑白灰属于无彩色系列。其他的色彩都属于有彩色。任何一种有彩色都具备三个特征：色相、明度和纯度。无彩色系与有彩色系颜色的区别表现在它只有明度属性，而缺少色相和纯度属性。

1.色相

色彩的相貌，是有彩色系颜色的首要特征，是一种色彩区别于另一种色彩的最主要的因素。从物理学角度讲，色相差异是由光波波长决定的，在可见光谱中，红、橙、黄、绿、青、蓝、紫中的每一种色相都有着自己限定的波长与频率，它们依次排列，有条理又和谐。17世纪以来，

图3-13　色相环

人们将置于直线排列的可见光谱两端的颜色——红色与紫色首尾相连，使色相排序呈循环的圆，并称之为色相环。色相环的作用在于表达多种色彩组合关系及其应用规律，从而寻找到最理想的色彩转换方式，以使色彩和谐配置，实现科学化与直观化（图3-13）。

2.明度

色彩的明暗或深浅程度，又称亮度，它是一切色彩现象的共同属性。任何色彩都可以还原为明暗性质来理解，并以此作为色彩构成的层次与空间依托。有的色彩学者把明度称为"色彩的骨骼"。在无彩

色系中，最高明度为白色，最低明度为黑色，二者之间为深浅各异的灰色。而在有彩色系中，黄色最亮，紫色最暗（图3-14）。

3.纯度

色彩的饱和程度，又称彩度。纯度高的色彩纯、鲜亮。纯度低的色彩暗淡，含灰色。在色相环中，任意一个颜色加白、加黑、加灰都会不同程度地减弱该色相的纯度，除加无彩色系的黑、白、灰色可以改变颜色饱和度外，在具体艺术实践中，纯度的变化更多的是通过补色相混的形式来实现（图3-15）。

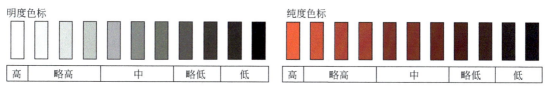

图3-14　明度色标　　　　　　　　　　　图3-15　纯度色标

三、色彩体系

以无彩轴为中心轴，在这个以无彩轴为中心的圆筒断面上放上色相环，用色相环到中心轴的距离来表示彩度，这样就可以形成色相、明度、彩度三个坐标的立体空间，这种立体模型叫作色立体或色树。在色立体上，明度为立起的纵轴，底部为低明度，往上阶段为中明度，最上面为高明度；彩度在横向面上分为许多阶段，距离明度轴越近者彩度越低，离明度轴越远者，彩度越高；最边缘处为色立体的外围色，它们都是纯色，以纯色为主向上向下或向内衍生各种不同明度、彩度的色彩子孙，组成一个又一个色片家族。

常用的国际标准色彩体系分别是美国的蒙塞尔色彩体系、德国的奥斯瓦尔德色彩体系以及日本的PCCS色彩体系。色立体的功能很多，它就像一本字典，随时等待你的查询、对照和参阅，其他的专业色彩书籍中对蒙塞尔色彩体系和奥斯瓦尔德色彩体系介绍得很多。在这里主要介绍日本的PCCS色彩体系（图3-16、图3-17）。

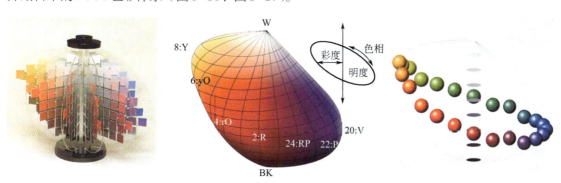

图3-16　PCCS色立体　　　　　　　　　图3-17　PCCS色彩三要素变化图

日本的PCCS色彩体系是日本色彩研究所研制，于1965年在日本正式发行，是以色彩调和为目的色彩体系，明度和彩度在PCCS色彩体系里结合成为色调，PCCS就是用色调和色相这两个系统来表示色彩调和的基本色彩体系。

1. PCCS色彩体系的色彩三属性

PCCS的主要色相有红、黄、绿、蓝4种色相（又称心理四原色），它们是色彩领域的中心。在色相环上，这4种色相的相对方向确立出4种色彩，被称为心理补色。心理补色是根据人类眼睛的补色诱发现象而产生的，又称为反对色。

在上述的8个色相中，等距离地插入4种色彩，成为12种色彩的划分，再将这12种色彩进一步分割，成为24个色相。在这24个色相中包含了色光三原色R（红）、G（绿）、B（蓝）和色料三原色M（紫红）、Y（黄）、C（蓝绿）这些色相。色相的记号，采用了色相名的英文开头字母，将对色彩的形容以小写的形式加在前面（图3-18）。

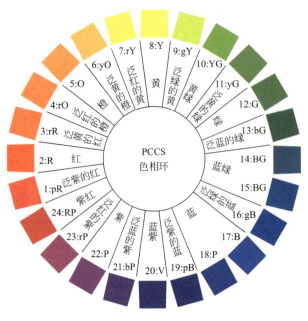

图3-18　PCCS色相环

PCCS的明度标准是白色和黑色之间的色彩感觉。在白和黑这两个色阶中，等距离地划分为3个色阶，并在3个色阶中继续划分成5个色阶，接着是9个，最终划分为17个色阶（图3-19）。

PCCS的彩度基准是从实际得到的色料中，收集了在高彩度的色领域中鲜艳程度的差别，根据每个色相作出不同的基准。在各色相的基准色与其同明度的彩度最低的有彩色中，等距离地划分出9个阶段（图3-19）。

2. PCCS色彩体系的表示方法

PCCS色彩体系在表示纯度时用的是S。比如用8:Y-8.0-8S来表示黄的色块。在无彩色中，都要在明度前加入n来表示，比如n-4.5。另外从1:pR到24:rP的24种色相中的最高彩度都记为9S（图3-20）。

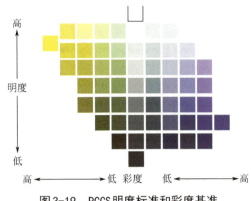

图3-19　PCCS明度标准和彩度基准

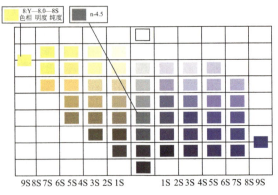

图3-20　PCCS色彩体系的表示方法

3. PCCS色彩体系的色调

色调是色彩的调子，即色彩群外观色的基本倾向。色调如同音乐里的调子一样；有抑扬，有顿挫，有长音，有短音；有高低，也有轻重。但单音不能成曲，如同色彩呈现单色时，因为没有呼应对照，所以不能成调。在这种情况下，PCCS色彩体系就将黑、白、灰等无彩色作为背景出现，让单色与其调和出现色调。

在同一色相之中，色彩的明、暗、强、弱、浓、淡、深、浅的调子是不一样的。颜色最饱和、纯度最高的色调叫纯色调。在纯色调中加入不同比例的白色，会出现亮色调、浅色调和淡色调。加入不同比例的黑会出现深色调、暗色调和暗黑色调。PCCS色彩体系用v、b、s、dp、lt、sf、d、dk、p、ltg、g、dkg12种名称来给各个色调命名（即鲜、亮、强、深、浅、柔、浊、暗、淡、浅灰、灰、暗灰）。

靠右外围的色调群都属于高彩度的纯色系统，它被色彩学家命名为"活泼的色调"。分布在上方的色调明度明显增高，而在下方，则呈现低暗的明度。横向的调子，则是由外围至中心的彩度逐步降低，到了接近明度轴时，近于无彩状态。而居中的中彩度群，因色调本身加入了中明度的灰，因此感觉钝浊，被称为"浊色调"。这种色调在精致、高雅的物品中常能看到。西洋绘画在表现一种幽静略带感伤的情境时也常用浊色调。同一色调有着色彩的色相变化，但这个色调带有的感情效果是共同的，适合用在表现感觉的时候（图3-21、图3-22）。

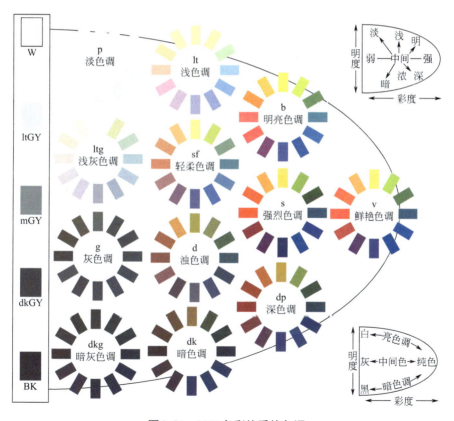

图3-21　PCCS色彩体系的色调

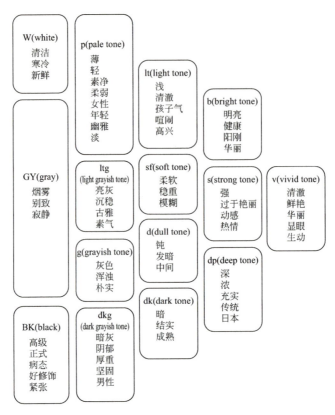

图 3-22　PCCS色彩体系的色调感觉

四、色彩的视觉心理

不同波长色彩的光信息作用于人的视觉器官，通过视觉神经传入大脑后，经过思维，与以往的记忆及经验产生联想，从而形成一系列的色彩心理反应。

1. 色彩的情感效应

① 色彩的冷暖感。色彩本身并无冷暖的温度差别，是视觉色彩引起人们对冷暖感觉的心理联想。色彩的冷暖感觉，不仅表现在固定的色相上，而且在比较中还会显示其相对的倾向性，如同样表现天空的霞光，用玫红画早霞那种清新而偏冷的色彩，感觉很恰当，而描绘晚霞则需要暖感强的大红了，但与橙色对比，前面两色又都加强了寒感倾向。人们见到红、红橙、橙、黄橙、红紫等色后，马上联想到太阳、火焰、热血等物象，产生温暖、热烈、危险等感觉；见到蓝、蓝紫、蓝绿等色后，则很易联想到太空、冰雪、海洋等物象，产生寒冷、理智、平静等感觉；见到黄绿、蓝绿等色，使人联想到草、树等植物，产生青春、生命、和平等感觉；见到紫、蓝紫等色使人联想到花卉、水晶等稀贵物品，故易产生高贵、神秘的感觉；至于见到黄色，一般被认为是暖色，因为它使人联想起阳光、光明等，但也有人视它为中性色，当然，同属黄色系，柠檬黄显然偏冷，而中黄则感觉偏暖（图3-23）。

② 色彩的轻重感。主要与色彩的明度有关，明度高的色彩使人联想到蓝天、白云、彩霞及许多花卉，还有棉花、羊毛等，产生轻柔、飘浮、上升、敏捷、灵活等感觉；明度低的色彩易

使人联想到钢铁、大理石等物品，产生沉重、稳定、降落等感觉（图3-24）。

③ 色彩的软硬感。其感觉主要也来自色彩的明度，但与纯度亦有一定的关系，明度越高感觉越软，明度越低则感觉越硬；明度高、纯度低的色彩有软感；中纯度的色也呈柔感，因为它们易使人联想起骆驼、狐狸、猫、狗等好多动物的皮毛、绒织物等；高纯度和低纯度的色彩都呈硬感。色相与色彩的软、硬感几乎无关。

④ 色彩的前后感。由于各种不同波长的色彩在人眼视网膜上的成像有前后，红、橙等光波长的色在后面成像，感觉比较逼近，蓝、紫等光波短的色则在外侧成像，在同样距离内感觉就比较后退，实际上这是视错觉的一种现象，一般暖色、纯色、高明度色、强烈对比色、大面积色、集中色等有前进感觉，相反，冷色、浊色、低明度色、弱对比色、小面积色、分散色等有后退感觉（图3-25）。

⑤ 色彩的大小感。由于色彩有前后的感觉，因而暖色、高明度色等有扩大、膨胀感，冷色、低明度色等有显小、收缩感（图3-26）。

⑥ 色彩的华丽与质朴感。色彩的三要素对华丽及质朴感都有影响，其中纯度关系最大，明度高、纯度高的色彩，丰富、强对比的色彩感觉华丽、辉煌；明度低、纯度低的色彩，单纯、弱对比的色彩感觉质朴、古雅。但无论何种色彩，如果带上光泽，都能获得华丽的效果（图3-27）。

⑦ 色彩的活泼与庄重感。暖色、高纯度色、丰富多彩色、强对比色感觉跳跃、活泼有朝气，冷色、低纯度色、低明度色感觉庄重、严肃。

⑧ 色彩的兴奋与沉静感。其影响最明显的是色相，红、橙、黄等鲜艳而明亮的色彩给人以兴奋感，蓝、蓝绿、蓝紫等色使人感到沉着、平静，绿和紫为中性色，没有这种感觉；其次是纯度，高纯度色给人兴奋感，低纯度色给人沉静感；最后是明度，暖色系中高明度、高纯度的色彩呈兴奋感，低明度、低纯度的色彩呈沉静感。

2. 色彩的心理联想

色彩的联想带有情绪性的表现，受观察者年龄、性别、性格、文化、教养、职业、民族、宗教、生活环境、

冷感　　　　　　暖感

图3-23　色彩的冷暖感

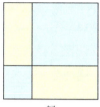

轻　　　　　　重

图3-24　色彩的轻重感

图3-25　色彩的前后感

大　　　　　　小

图3-26　色彩的大小感

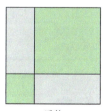

质朴　　　　　　华丽

图3-27　色彩的华丽与质朴感

时代背景、生活经历等各方面因素的影响。色彩的联想有具象和抽象两种。

① 具象联想。人们看到某种色彩后，会联想到自然界、生活中某些相关的事物（图3-28）。

色彩	具象联想
红	苹果、太阳、郁金香、洋服、红旗、血、口红、红靴
橙	橘、柿、胡萝卜、橙、果汁、砖
黄	香蕉、向日葵、菜花、蒲公英、月亮、鸡雏、柠檬
绿	树叶、山、草、草坪、蚊帐、毛衣
蓝	天空、大海、湖泊、工作服
紫	葡萄、堇菜、桔梗、裙子、会客服、茄子、紫藤
白	雪、白纸、白兔、白云、砂糖
灰	鼠、灰、阴天天空、混凝土、冬天天空
黑	炭、夜、头发、洋伞、墨、西服

图3-28　色彩的具象联想

② 抽象联想。人们看到某种色彩后，会联想到理智、高贵等某些抽象概念（图3-29、图3-30）。

色彩	抽象联想
红	兴奋、热烈、激情、喜庆、高贵、紧张、奋进
橙	愉快、激情、活跃、热情、精神、活泼、甜美
黄	光明、希望、愉悦、阳和、明朗、动感、欢快
绿	舒适、和平、新鲜、青春、希望、安宁、温和
蓝	清爽、开朗、理智、沉静、深远、伤感、寂静
紫	高贵、神秘、豪华、思念、悲哀、温柔、女性
白	洁净、明朗、清晰、透明、纯真、虚无、简洁
灰	沉着、平易、暧昧、内向、消极、失望、抑郁
黑	深沉、庄重、成熟、稳定、坚定、压抑、悲感

图3-29　色彩的抽象联想

色彩	表示意义	运用效果
红	自由、血、火、胜利	刺激、兴奋、强烈煽动效果
橙	阳光、火、美食	活泼、愉快、有朝气
黄	阳光、黄金、收获	华丽、富丽堂皇
绿	和平、春天、青年	友善、舒适
蓝	天空、海洋、信念	冷静、智慧、开阔
紫	忏悔、女性	神秘感、女性化
白	贞洁、光明	纯洁、清爽
灰	质朴、阴天	普通、平易
黑	夜、高雅、死亡	气魄、高贵、男性化

图3-30　色彩的意义效果

一般来说，儿童多具有具象联想，成年人较多抽象联想。

五、个人色彩理论

个人色彩理论是用来判断适合自己色彩体系的一门技术，其目的是寻找到让肤色在视觉上呈现出健康状态的颜色，使肤色显得更加健康。在当今国际时尚界享有很高的知名度。它是根据皮肤、头发、眼睛的颜色，通过一系列科学的方法对人进行诊断，为人们找到最适合的服饰化妆色彩范围，同时也提供服装和服饰的款式、质地、图案等方面的建议。如果将这种颜色应用到形象设计上，将能塑造出适合自己的美丽形象。

个人色彩立足于色彩的基本色调。色彩的基本色调是指在整个色彩中带来共同感的色彩搭配。整体上讲，可分为蓝色气氛的蓝色基调和黄色气氛的黄色基调。季节色彩理论则是以把这两种色彩基调结合四季变化的方式运用于肤色的调整。

20世纪初期，德国魏玛包豪斯艺术学校的约翰内斯·伊顿教授开始进行色彩分析，个人色彩的概念由此产生；1928年美国的罗伯特·道尔把色彩的基本色调概念引入室内设计领域，从此以后，色彩配色系统开始广为流传。苏珊·卡吉尔在1940年提出了根据肤色、发色、眼睛的颜色来确定个人色彩的理论。后来，个人色彩体系结合四季变化的方式通过戴安娜·庞斯出版的服装教材开始被采用。美国的卡洛尔·杰克逊女士（全球最权威色彩咨询机构CMB公司创始人）在1984年开始较为系统地介绍有关个人色彩的概念，并使这一概念得到了大众的普遍认可。

20世纪80年代末，个人色彩理论由佐藤泰子女士引入日本。但是，以多人种为前提的西方色彩理论很难在日本站住脚。90年代，根据日本人的特点而重新整理并定义的个人色彩方案问世。至此，这一理论才被东方人接纳。

从20世纪90年代末开始，季节色彩理论由于西曼从日本引入中国，成为个人色彩理论的主流。

1. 三基色理论

在日本盛行的三基色理论是把肤色的基本色调分为三种：蓝色基调、黄色基调以及介于二者之间的无色基调。在分析个人色彩的过程中，最基本的前提是要首先判断出皮肤的基本色调。基本色调可大致分为肤色发蓝的蓝色基调和肤色发黄的黄色基调。

（1）肤色

皮肤中的血色素（呈现红色）、核黄素（呈现黄色）和黑色素（呈现茶色）共同决定一个人的肤色，其中黑色素的作用最大。如果血色素较多的话，肤色会显得红润，如果血色素量少则会显得苍白，人的脸色会发青或发黑，一旦黑色素增加，肤色会偏黄褐色或褐色；如果核黄素增多，皮肤的颜色将变成黄色。

蓝色基调肤色属冷色系，带有蓝色气韵，缺少红润感；黄色基调肤色属暖色系，这类肤色是带有橙色气韵的健康型皮肤；无色基调肤色是处在蓝色基调和黄色基调之间的自然色系（图3-31）。

图3-31　肤色

（2）发色

头发会因为人种的不同而有所差别，即使是在同一人种中也会因为黑色素的多少而呈现出不同的颜色。黑色素不仅对头发有着色的功能，还可以有效防止头发因紫外线的照射而受伤。黄色基调的发色包括黄色、橙色和棕色；蓝色基调的发色基本是发质坚韧、光亮的黑色头发；无色基调的发色介于黑色和棕色之间，偏酒红色。

东方人的发色分类比肤色简单，一般分为黑色、棕色、灰色等三种类型（图3-32）。

图3-32　发色

（3）瞳孔色

在个人色彩诊断体系中，瞳孔的颜色指的就是虹膜的颜色。白色人种的瞳孔呈青色、灰色等，而东方人的瞳孔基本上是呈黑色、深棕色或者褐色，在形象设计或服装设计领域里，有时可以忽略瞳孔色。

（4）色彩的对比度

色彩的对比度主要取决于肤色和发色的明度差异，二者之间的明度差越大，对比度就越高，一般是肤色越明亮，发色就越黑。根据对比度的高低来判断出个人色彩。

三基色理论可分为浅色型、鲜明型、灰暗型和暗色型四种类型。

浅色型比较温和，明度差异比较小，对比度低；鲜明型的明度差异大，对比度高；灰暗型介于浅色型和鲜明型之间，显得暗淡无光，对比度不明显；暗色型是指像被阳光晒过一样的健康肤色，明度差异很小，对比度中等偏上（表3-1）。

表3-1　对比度与日本色彩体系（PCCS）的关系

对比度	形象类型	与PCCS的对应基调
对比度低	浅色型	淡色调、浅色调
对比度不明显	灰暗型	轻柔色调、浅灰色调、浊色调、灰色调
对比度中等偏上	暗色型	深色调、暗色调、暗灰色调
对比度高	鲜明型	明亮色调、强烈色调、鲜艳色调

（5）三基色的类型

肤色和发色的对比度决定着三基色的类型。黄色基调、蓝色基调和无色基调三种基调，与色彩对比度的差异共同组合出相对应的类型（表3-2）。

表3-2 三基色的类型

类型	黄色基调	无色基调	蓝色基调
	忌蓝色基调色彩	黄色、蓝色基调均可	忌黄色基调色彩
浅色型	色彩搭配：柔和色中带有亮黄色气韵的色彩搭配 妆色：浅褐色（米黄色）或橙色系妆色 饰品：柔和的金色饰品	色彩搭配：两种色系里淡色中带有亮色的色彩搭配 妆色：黄色和蓝色基调的亮色都可以自如应用 饰品：精致而柔和的饰品	色彩搭配：淡色中带有亮蓝色气韵的色彩搭配 妆色：蓝色基调的基本妆或浅色系里带珍珠色的妆色 饰品：设计精巧的银色饰品
灰暗型	色彩搭配：表现出厚重感的柔和色加上具有民族特色的色彩搭配 妆色：浅褐色（米黄色）或棕色系妆色 饰品：无光泽的金色饰品	色彩搭配：以柔和色为主的黄色基调和灰色类型的蓝色基调之间的色彩搭配 妆色：柔和的自然妆色 饰品：无光泽的金属饰品	色彩搭配：蓝色基调的色彩和朴素色彩之间的搭配 妆色：以蓝色基调为基础的自然妆色 饰品：无光泽的银色饰品
暗色型	色彩搭配：黄色基调中深色和棕色系的色彩搭配 妆色：橙色或棕色系中的暗色妆色 饰品：深色调的金色饰品	色彩搭配：暗色调带有深度的色彩搭配 妆色：深暗色调妆色 饰品：深色有透明感的饰品	色彩搭配：黑色和稍暗色彩之间的色彩搭配 妆色：蓝色基调以及深酒红色的妆色 饰品：银色或有透明感的饰品
鲜明型	色彩搭配：鲜艳色彩、橙色系和对比强烈的色彩搭配 妆色：以橙色为主，呈现亮感色彩的妆色 饰品：有光泽感的金色饰品	色彩搭配：鲜明色调带有亮感的色彩搭配 妆色：黄色和蓝色基调的亮色都可以自如应用 饰品：有光泽感和量感的饰品	色彩搭配：对比度较高的色彩搭配 妆色：用蓝色基调里略深的妆色来强调眼部的妆效 饰品：有光泽的银色或宽大的饰品

2. 季节色彩理论

季节色彩理论是诊断个人色彩的另一种方法。季节色彩是以皮肤的基本色调（蓝色基调、黄色基调和无色基调）分类为基础，把生活中的常用色按基调的不同进行冷暖划分，进而形成四组自成和谐关系的色彩群。由于每一色彩群的颜色刚好与大自然四季的色彩特征吻合，因此，便把这四组色彩群分别命名为"春""秋"（暖色系）、"夏""冬"（冷色系）。接下来，这个理论体系对于人的肤色、发色和眼珠色等"色彩属性"同样进行了科学分析，总结出冷、暖色系人的身体色特征，并按明暗和强调程度把人体分为四种类型（当然有过渡类型的人），为它们分别找到了和谐对应的"春、夏、秋、冬"四组装扮色彩，又称四季色彩理论（图3-33、图3-34）。

图3-33 自然界中的四季　　　　　　图3-34 四季色彩群

季节色彩理论并不是把一个人框定在一个固定的色彩范围里，它的真正意义在于，为一个人指明自身的用色规律，提升人们驾驭色彩的能力，它会让个人清清楚楚地知道，哪些颜色是自己的最佳颜色，哪些颜色是自己的次佳颜色，而哪些颜色是并不适合自己的颜色。这样，自己便完全可以在人生中巧妙运用色彩特技，在需要的场合彰显自己，并明白当穿上并不适合自己的颜色时，应该想办法用巧妙的化妆、配饰去调整。

（1）春季型

春季型人给人的第一印象是可爱、轻快、朝气蓬勃的形象。春季型人与大自然的春天色彩有着完美和谐的统一感，使用鲜艳、明亮的颜色打扮自己，实际年龄显得年轻，给人以年轻、活泼、娇美、鲜嫩的感觉。

① 春季型人身体色特征：肤色和发色比较亮，属于黄色基调。肤色淡而微黄、浅象牙色，粉色、肤质细腻，具有透明感，较容易出现雀斑，脸上呈现珊瑚粉色、鲑鱼肉色、桃粉色的红晕；眼睛呈明亮的茶色、黄玉色、琥珀色，眼白呈湖蓝色，瞳孔呈棕色，眼神活跃、灵活；头发呈明亮如绢的茶色，柔和的棕黄色、栗色，发质柔软；嘴唇呈珊瑚色、桃红色，自然唇色比较突出。

② 春季型人的色彩搭配原则：春季型人有着明亮的眼睛、桃花般的肤色，使用范围最广的颜色是黄色，选择红色时应以橙红、橘红为主，在色彩搭配上应遵循鲜明、对比的颜色来突出自己的俏丽。

③ 春季型人用色范围：春季型人属于暖色系的人。春天是由一组黄色为主的各种明亮、鲜艳、轻快的色彩组成，与春季型人的肤色搭配，可以突出女性的淡雅、轻盈与温馨。

（2）夏季型

夏季型人给人的感觉有些冷漠，但整体上的感觉是温婉飘逸、柔和而亲切的形象。夏季型人从远处款款走来，清丽雅致如同一幅恬静的水彩画，如同一潭静止的湖水，会使人在焦躁中慢慢沉静下来，去感受清静的空间。

① 夏季型人身体色特征：皮肤呈现玫瑰粉的红晕，白皮肤中泛着小麦色，头发柔软而带黑

色或深棕色，属于蓝色基调。肤色粉白、乳白色带蓝调；眼睛整体感觉温柔，眼珠呈焦茶色、深棕色；头发为轻柔的黑色、灰黑色或柔和的棕色、深棕色；嘴唇一般呈现玫瑰粉色。

② 夏季型人的色彩搭配原则：夏季型人的身体色特征决定了轻柔淡雅的颜色才能衬托出她们温柔、恬静的气质。在色彩搭配上，最好避免反差大的色调，适合在同一色相里进行浓淡搭配。以蓝色为底调的柔和淡雅的颜色，能衬托出夏季型人温柔、恬静个性。

③ 夏季型人用色范围：夏季型人的属性偏冷色。夏天是由一组含蓄而淡雅的色彩组成，与夏季型人的肤色搭配，可营造出柔美、清雅的女人味。

（3）秋季型

秋季型人给人的感觉是成熟、稳重、富态，具有内涵和深度的温柔形象。秋季型人的眼神稳重，神态端庄，配上深棕色的头发，与秋季原野黄灿灿的丰收景色和谐一致，是四季色中最成熟而华贵的代表。

① 秋季型人身体色特征：肤色是黄色系中的橙色和棕色，发色是深棕色或泛红色光泽的黑色，而瞳孔的颜色则是深棕色或黑色，属于黄色基调。肤色呈瓷器般的象牙色、深橘色、暗驼色或黄橙色；眼睛为深棕色、焦茶色，眼白为象牙色或略带绿的白色；头发是褐色、棕色或者铜色、巧克力色；嘴唇呈铁锈色、砖红色。

② 秋季型人的色彩搭配原则：秋季型人是四季色中最成熟而华贵的代表，越浑厚的颜色越能衬托秋季型人瓷器般的皮肤，最适合的颜色是金色、苔绿色、橙色等深而华丽的颜色。秋季型人的服饰基调是暖色系中的沉稳色调，浓郁而华丽的颜色可衬托出秋季型人成熟高贵的气质。

③ 秋季型人用色范围：秋季型的皮肤色彩属性偏暖色。秋天是由一组成熟、浓郁、深邃、时尚的色彩组成，与秋季型人的肤色搭配，可以尽显秋季型成熟、高贵、妩媚、温厚的女人味。

（4）冬季型

冬季型人给人的感觉是清澈、强烈、干练、开朗、引人注目，具有都市感及开放性派头的形象，冬季型人黑发白肤与眉眼间锐利鲜明的对比，充满个性和吸引人的外表，演绎出干练、艳丽的特质，常常成为中心人物。

① 冬季型人身体色特征：肤色白皙泛蓝光，发色较黑，眼球亮黑目光锐利，属于蓝色基调。肤色呈青白色或略暗橄榄色或泛青的黄褐色肤色，脸上不易出红晕；眼睛黑白分明、目光锐利，眼珠为深黑色、焦茶色；头发乌黑发亮，多为黑褐色、银灰色、酒红色；嘴唇呈酒红色或玫瑰红色。

② 冬季型人的色彩搭配原则：冬季型人最适合纯色，在各国国旗上使用的颜色都是冬季型人最适合的色彩。选择红色时，可选正红、酒红和纯正的玫瑰红。在四季颜色中，只有冬季型人最适合使用黑、纯白、灰这三种颜色，藏蓝色也是冬季型人的专利色。但在选择深重颜色的时候一定要有对比色出现。

③ 冬季型人用色范围：冬季型的皮肤色彩属性偏冷色。冬天是由一组白与黑、绿与红等有对比感的色彩组成，与冬季型人的肤色搭配，才能演绎出冬季型人惊艳、脱俗、干练、艳丽的特质。

六、色彩搭配的形式原则

色彩搭配所遵循的形式原则有调和与对比两种。

1. 调和的原则

调和的原则即色彩之间原本相异的关系，运用搭配调和的原则，找出它们之间内在有规律、有秩序的相互关系，通过在面积大小、位置不同、材质差异等方面的搭配，在视觉上既不过分刺激，又不过分暧昧。其突出的特点是单纯、和谐、色调统一，在单纯中寻求色彩的丰富变化，在和谐中求得色彩的明暗，产生平衡、愉悦的美感。调和原则的色彩搭配主要有同一调和、类似调和与对比调和三种形式。

① 同一调和的配色方法最为简单、最易于统一，就是在色彩、明度、纯度三种属性上具有共同的因素，在同一因素色彩间搭配出调和的效果。同一调和分为单性统一和双性同一两种。

② 类似调和与同一调和相比有微妙变化，就是色相、明度、纯度三者处于某种近似状态的色彩组合，色彩之间属性差别小，但非常丰富。类似调和分为单性类似和双性类似两种。

③ 对比调和就是选用对比色或明度、纯度差别较大的色彩组合形成的调和。对比调和采用的方法有：利用面积对比达到调和，降低对比色的彩度达到调和，隔离对比色达到调和，明度对比调和，彩度对比调和。

2. 对比的原则

对比的原则即色彩之间的比较，是两种或两种以上的色彩之间产生的差别现象。对比原则的色彩搭配主要有色相对比、明度对比、纯度对比和边缘对比四种形式。

① 色相对比就是因色相的差别而形成的对比现象，分为同种色相对比、类似色相对比、中差色相对比和对比色相对比四种。

② 明度对比就是因色彩明度的差异而形成的对比现象，明度搭配的效果有高短调、高中调、高长调、中短调、中中调、中长调、低短调、低中调、低长调九种不同的色调基调。

③ 纯度对比就是因色彩纯度的差异而形成的对比现象，纯度搭配的效果与明度相同，也有高短调、高中调、高长调、中短调、中中调、中长调、低短调、低中调、低长调九种不同的色调基调。

④ 边缘对比现象表现在色彩的纵横交叉线上，以黑与白为例，在交叉线点附近会呈现出淡灰色影像，而其余的白色部分看起来更白、更亮。

七、流行色

1. 流行色的概念及产生

我们把在一定时期中为大多数人喜爱和接受而广为流行的色彩或色调称为流行色。对于很多人来说，流行色是一个本身也相当时髦的词，对于喜欢看看服饰报刊的人来说，是一系列令人眼花缭乱的色名；对于拥有一定服饰知识的人来说，是每季变换的色卡或色立体坐标。色彩学的物理和数学原理使普通消费者产生敬畏，而色立体的使用和色坐标替代色名，为流行色带上了科学的神秘光环。

流行色的周期长短不等，从萌芽、成熟、高峰到退潮有的可以持续3至4年，原有的色彩和新的色彩可能交替出现，其传播是由时尚发达地区传向落后的地区。在流行色的流行期内，高峰期约为1至2年。

流行色的产生是一个十分复杂的社会现象，它首先涉及人的生理、心理感受。对于一种新颖的色彩，人的视觉不免兴奋，这是由于人的眼球希望以此得到满足，获得精神上的快感。同时人的心理因素也影响着流行色的产生，当人处于某种状态（如激动、快乐、悲伤、郁闷等）时，就会倾向于使用某种色彩（如红色、黄色、灰色、黑色等）来表达出不同的心理感受。另一方面，流行色的产生还受社会政治、经济、文化、科学技术等诸方面的影响。

2. 流行色研究机构

世界上许多国家都成立了权威性的研究机构，来担任流行色科学的研究工作。如伦敦的英国色彩评议会，纽约的美国纺织品色彩协会及美国色彩研究所，巴黎的法国色彩协会，东京的日本流行色协会等。1963年，英国、奥地利、匈牙利、荷兰、西班牙、联邦德国、比利时、保加利亚、日本等十多个国家联合成立了国际流行色协会，中国于1982年加入。国际流行色的预测是由总部设在法国巴黎的"国际流行色协会"完成。国际流行色协会各成员国专家每年召开两次会议，讨论未来十八个月的春夏或秋冬流行色定案。协会从各成员国提案中讨论、表决、选定一致公认的三组色彩为这一季的流行色，分别为男装、女装和休闲装。国际流行色协会发布的流行色定案是凭专家的直觉判断来选择的，西欧国家的一些专家是直觉预测的主要代表，特别是法国和德国专家，他们一直是国际流行色界的先驱，他们对西欧的市场和艺术有着丰富的感受，以个人的才华、经验与创造力就能设计出代表国际潮流的色彩构图，他们的直觉和灵感非常容易得到其他代表和世界的认同。

3. 流行色预测理论

流行色的预测涉及自然科学的各个方面，是一门预测未来的综合性学科，人们经过不断的摸索、分析，总结出了一套从科学的角度来预测分析的理论系统。

① 时代论。当一些色彩结合了某些时代的独有特征，符合大众的认识、理想、兴趣、欲望时，这些具有特殊感情力量的颜色就会流行开来。如20世纪70年代由于尼克松访华引起的中国热，带领了中国及东方特色的传统色彩风靡于世；由于20世纪末环境污染的不断加剧，海洋色、水果色、森林色成为大众所热衷的喜好。

② 自然环境论。随着季节的变化，自然环境的变化对人的影响，不同季节的人们喜爱的颜色也随着环境的变化而改变。国际流行色协会每年发布的流行色也分为春夏季和秋冬季两大部分，春夏的比较明快，具有生气，而秋冬的则比较深沉、含蓄。

③ 生理心理论。对于流行色的研究必须要考虑人们的审美心理，人们反复受到一种颜色的视觉刺激一定会感到厌倦，从色彩心理学的角度来说，当一些与以往的颜色有区别的颜色出现，一定会吸引人们的注意，引起新的兴趣。

④ 民族地区论。各个国家和民族由于政治、经济、文化、科学、艺术、教育、宗教信仰、生活习惯、传统风俗等因素的不同，所喜爱的色彩也是千差万别的。中东的沙漠国家，因为很少看见绿色，几乎所有的国旗上都有绿色的标记；而法国人对草绿色有很强的偏见，因为这能让他们想起法西斯的陆军军服。

⑤ 优选论。优选论的观点是从前一年的消费市场中找出主色构成下一年的流行色谱，因为色彩的流行常带有惯性的作用，这一理论是建立在市场统计理论基础之上的。

4. 流行色的种类

流行色研究机构每年发布1~2次，每次发布的流行色大致可分成标准色组、前卫色组、主体色组、预测色组、时髦色组。

① 标准色组：也称常用色，为大多数人日常生活中喜爱的常用色彩，每年发布的流行色均包含如黑、白、灰以及红、蓝等色系。

② 前卫色组：指将要成为流行倾向的色彩，多为追赶时髦的消费者所热衷，并由这群人率先尝试，进而流行起来，如20世纪流行的紫色。

③ 主体色组：其产生与时尚的流行趋势有关，这些色彩配合服装的风格，是重点推广的色组，如20世纪90年代初流行的休闲风潮。

④ 预测色组：是依据社会经济、消费心理、流行趋势发展等因素作出的未来色彩预测，并非是现在正流行的色彩。

⑤ 时髦色组：为大众所喜欢，同时又是市场上正在流行的色彩，既包括刚开始流行的色彩，也包括即将退潮的色彩。

第三节　形象设计的光线元素

一、光的基本性质和视觉传达

光是电池辐射（科学名词）的一种，除了偶尔会给你带来太阳晒伤的情形外，通常是不会构成伤害的辐射。光是我们人眼可直接观察到的，也是形成美丽彩虹的来源。光波是电磁波中的一个很小的范围。一般情况下认为能被人眼所感受到的电磁波段为380~780nm的狭小范围，这个波段内的电磁波称为可见光。颜色与可见光的波长对应关系：紫为380~430nm、蓝为430~470nm、青为470~500nm、绿为500~570nm、黄为570~590nm、橙为590~610nm、红为610~780nm。

形象设计就是研究人眼所感受到的电磁波段为380~780nm的可见光。

在视觉传达设计中，光影是一种强有力的信息传达手段，能够促进主题观念表达，产生特殊的视觉效果。利用光影关系进行形象设计，将不同角度、不同纬度空间和不同形象的人通过光影造型，使形象在简洁中透出丰富，产生出全新的视觉体验。

二、光的造型

光是表现立体感的关键，光对形象设计的表现力起着关键的作用。形象设计的一个重要内容就是如何表现立体型的"人"，这要调动光的造型手段，才能真实而突出地再现物体的形态特征，把物体的立体感淋漓尽致地呈现出来（图3-35）。因此，光线对形象设计表现有着极其重要的意义，形象设计师应该对造型光的类别和作用有一个全面的了解，从而更好地完成形象设计，尤其是影视人物的形象设计。根据光线在造型中的不同作用，这里把造型光分为主光、辅助光、环境光、轮廓光、眼神光、修饰光等。

图3-35 光在形象设计中的表现力

1. 主光

主光又称为塑型光,是刻画人物和表现环境的主要光线。不管其方向如何,应在各种光线中占统治地位,是最引人注目的光线。主光处理的好坏直接影响到设计对象的立体形态和轮廓特征的表现。

2. 辅助光

辅助光又称为副光,是用以补充主光照明的光线。辅助光一般多是无阴影的软光,用以减弱主光生硬粗糙的阴影,减低受光面和背光面的反差,提高造型表现力,主光和辅助光的光比决定了设计对象的影调反差。

3. 环境光

环境光又叫背景光,是指专用以照明背景和环境的光线。环境光主要是通过环境光线所构成的背景光影与设计对象形成某种映衬和对比,达到突出主体的目的。环境光除烘托设计对象外,还有表现特定环境、时间或造成某种特殊气氛的作用。

4. 轮廓光

轮廓光是使设计对象产生明亮边缘的光线。其主要任务是勾画和突出设计对象富有表现力的轮廓形式。由于轮廓光是从设计对象背后或侧后方向照射过来的,因此具有逆光的光线效果,轮廓光具有较强的装饰性和美化效果,但这种美化表现手段不宜滥用。

5. 眼神光

眼神光是使人物眼球上产生光斑的光线。它能使人物目光炯炯有神、明亮而又活跃。眼神光主要在人物的近景和特写镜头中才有明显的效果,而在大场景中难以引人注意。

6. 修饰光

修饰光是指用以修饰设计对象某一细部的光线。当主光、辅助光和照度等确定之后,在布光仍不理想的地方,用适当光线予以修饰,修饰光可以使设计对象整体形象更加悦目,局部形象更显特点,更富有造型表现力。

三、光量

光量就是光的视觉容量,对人们的生活和工作有直接的影响。光量太强会让人感到烦躁、眩晕；太弱又会使物体模糊不清，色彩失真，让人精神压抑、视觉疲劳。因此，在形象设计中，合理掌握光量是不可缺少的一个环节。光量主要表现在视觉信息量和视觉适应性两个方面。

1. 视觉信息量

在一定时间单位内视觉所容纳的信息量称为视觉信息量。信息量是构成图像传播的一个过程，即注意的基础，任何视觉传播必须以接受者的注意为前提，视觉信息的信息量与注意程度成正比，高信息量的视觉符号会比低信息量的符号更容易引起接受者的注意，低概率的视觉形象比高概率的视觉形象更容易引起人们的关注。实践发现，达到注意的前提并非是形象的美丑、大小、高矮、色彩、线条等单一因素，而是呈现出一种相对的状态。在一片红色的图案中，绿色的图案首先会引起接受者的注意。在一系列的曲线中，一条直线会格外引人注意。通常说来，新奇性是信息量大小的标志，它往往与接受者的关注程度成正比。

当人们面对平面上一些静止的物体时，会在它们之间平分其注意力，如果其中一个物体突然动起来，所有的注意力在1/5s后都将转向它。人的正常视觉容量约为25比特每秒，即大约每秒4个汉字，每分钟约240个字。

黑格尔早就指出，在人的所有感官中，唯有视觉和听觉是认识性的感官。也许正是这个原因，我们把握世界的主要方式不是视觉就是听觉，抑或视听同时动用。科学实验表明：视觉获取的信息量占人类获取信息总量的70%，听觉占20%左右，其他感觉器官的获取量仅占10%，视觉在整个感觉器官中显然居于主导和基础地位。这不仅因为看的感受和方式是人衡量现有生存环境、寻找新的生存环境的主要标准和最有效、最便捷的途径，而且人类一切有目的而非盲目的触觉、听觉、嗅觉、味觉等感觉经验的获得都必须有视觉的指引。

2. 视觉适应性

人眼通过自身的适应性调节，摄取视觉空间的信息及其变化状态。人从很暗的地方走到太阳下，你会觉得特别刺眼，相反，从很亮的地方走进比较暗的地方的时候，你会看不到任何东西，这就是明暗条件变化下的眼（视觉）适应。亮适应（即由暗到亮变化）时，几秒钟就能分辨出景象的明暗和颜色，其过程约在3min内达到稳定。暗适应（即由亮到暗处）时，几分钟才能分辨景象，约45min才稳定，过程要长些。

人在户外，光线比较充足，此时曝光度较小，限制了进入眼睛的光线，当进入光线减弱的地方后，由于小曝光度不能一下子变大，因此短时间内能进入眼睛的光线急剧减少，觉得环境过分昏暗，但并不能认为暗处没有光线，即使看起来很暗的地方，光线量还是相当可观的，等到眼睛的曝光度适应过来后，此时曝光度应该变大了，因此眼睛接收到了更多的光线，环境看起来就不那么昏暗了。

有人说眼睛就像是照相机，它能控制光，能将光聚焦，能成像，事实上眼睛只是高度精细的视觉系统处理过程的一个开始。

人的眼睛有很强的适应性，主观感受总是趋于把图像对比度拉大的趋势，比如说，周围都是白色的时候，中间一个灰点就显得特别黑。相同亮度的一块灰斑，中间如果放个黑点，灰斑看上去又变得更白了。

第四节 形象设计的肌理元素

一、肌理的美感

所谓肌理是指物体表面的纹理。大自然中的任何物体都是有表面的,而所有表面都是有特定的肌理的。天然材料的表面和不同方式的切面都有千变万化的不同肌理。

肌理是表达人对设计物表面纹理特征的感受。肌理的美感是物体结构和组合的各种形式、特征、性质的综合表现,肌理的美感一般反映在纹理、光泽、质地、质感四个方面。

1. 纹理
纹理是物体表面的纹路或花纹,有触觉纹理和视觉纹理之分。

2. 光泽
光泽是物体表面由光反射引起的反光现象,是物体的物理性质,从性质上有金属光泽和非金属光泽之分,从程度上分为有光泽和无光泽两类。

3. 质地
质地是指物体的性质或构成的基础,物体的表面结构一般分为粗糙的、光滑的、镜面的和透明的质地四大类。

4. 质感
质感是指物体表面的质地作用于人的视觉而产生的心理反应,即表面质地的粗细程度在视觉上的直观感受。粗质感具有质朴、厚重、温暖和粗犷的视觉心理反应,中间质感则具有温和、软弱、平静的视觉心理影响,细质感则具有精致、高雅、寂静的视觉心理影响,光亮的质感会产生高贵、华丽、明快的动人效果,而无光的质感会使人产生淳朴、真实的视觉效果。

二、肌理在形象设计中的审美表现

1. 材质美
材料天然形成的视觉肌理与触觉肌理,对人的审美取向和形象设计起着重要作用。在设计中,材料的自身组织形式与表现肌理,能给设计师带来心理效应,产生特殊的审美联想,设计师可以寄情于物,表达心灵情感,只有材料的自然特性、形象的设计风格、人们的审美情感与审美的时代特征相统一,才能表现和发挥材料的肌理美。

2. 形式美
人类视觉对装饰美的要求是审美过程中的一个基本要求。装饰美的内涵也就是具有意味的形式美,而形象设计中的肌理,正是具备了较强的肌理形式美感,如皮肤表面的自然纹理、头发的天然纹理或人为形成的层次、衣服的各种面料所特有的质感、各种化妆品材料粉质或油性的特征,以及各种服饰配件的肌理美感,都从形式美感方面满足了人们的视觉审美。

3. 联想美

材料的肌理及表现因素，可影响人们的心理感受，肌理的点线面、混浊与清楚、凸出与凹进、光滑与粗糙等的组织纹理，能通过人们的感官唤起人们的记忆与联想，如稀疏和密集的肌理可产生松弛与紧张的心理感受，凹凸与起伏的肌理可诱导退缩与扩展的心理感受，具有条理与节奏感的肌理，能给人整齐舒展的心理感受，垂直的肌理可以产生静穆崇高的感觉，倾斜的肌理可以产生冲击与运动的联想，破碎的肌理使人想到残破与杂乱，整齐的肌理能表现秩序与条理，线型肌理有方向感，粒状肌理显得沉静与自若，曲线肌理象征着优美、流动与不安，水平肌理可表现稳定与宽广等。联想美还体现在材料的质感或量感上，各种材料在与光影、色泽、形态的融合中，会对人们的心理造成不同于一般物理性的质量感，如色泽鲜艳、反光强烈、表面细腻的肌理，会产生轻薄扩张的心理效应，反之会产生厚重收缩的心理效应。

三、形象设计中不同肌理的特征

与形象设计有关的肌理特征，包括皮肤的肌理特征、头发的肌理特征、服装面料的肌理特征，以及各种服饰配件的肌理特征等。

1. 皮肤的肌理特征

皮肤的肌理特征主要是通过触觉或视觉，根据皮肤颜色、形态、色泽、质感等变化的差异对比判断、归纳、综合评价产生。通常白皙、光洁而富有弹性的皮肤被认为是最理想的皮肤，但有一些特殊的皮肤肌理特征也往往被作为形象设计的元素加以利用，比如前几年流行的雀斑妆就是这种特殊的皮肤肌理特征在形象设计中的运用。从皮肤的属性上划分，皮肤的肌理大致可以分为三种类型。

① 干性皮肤：由于干燥，含油脂少，皮肤表面粗糙，缺少光泽，眼角容易出现小皱纹，有些部位比较敏感，毛细血管明显，缺少滋润时会出现皮肤脱屑现象。

② 油性皮肤：毛孔粗大，皮肤呈现油光滑亮状态，脸上常发粉刺、丘疹和痤疮，色泽暗，皮质硬厚，皮肤皱纹不太明显。

③ 混合性皮肤：T字区域（前额、鼻部、颔部、颊部）呈油性，毛孔粗大，易发粉刺，面颊和太阳穴的皮肤相对细腻，易起皱，是干性皮肤与油性皮肤的混合体。

随着年龄的增长，皮肤肌理会逐渐呈现以下三方面的老化特征：一是弹性降低，皮肤松弛，线条与皱纹随之出现；二是皮肤干燥，油脂减少，表皮显得粗糙，眼袋明显；三是皮肤变薄，容易出现老年斑（图3-36）。

2. 头发的肌理特征

头发是人类仪表的重要展示部分和形象设计的重要组成元素，是构制发型的天然材料，或直或弯或卷的形状，或黑或黄或褐的颜色，细长的头发集结组合形成自然肌理和质地美，其肌理特征是根据头发的长短、粗细、软硬、形状、颜色、弹性、韧性及光泽度来确定。头发的油性程度是由皮脂腺分泌油脂的多少决定的，根据头发的油性程度，可以将头发分为中性发质、油性发质和干性发质。

① 中性发质：头发有直有弯，状态良好，湿度平衡，具有健康的外观，发质柔顺、健康，充满光泽，不油腻亦不干燥，软硬适度。

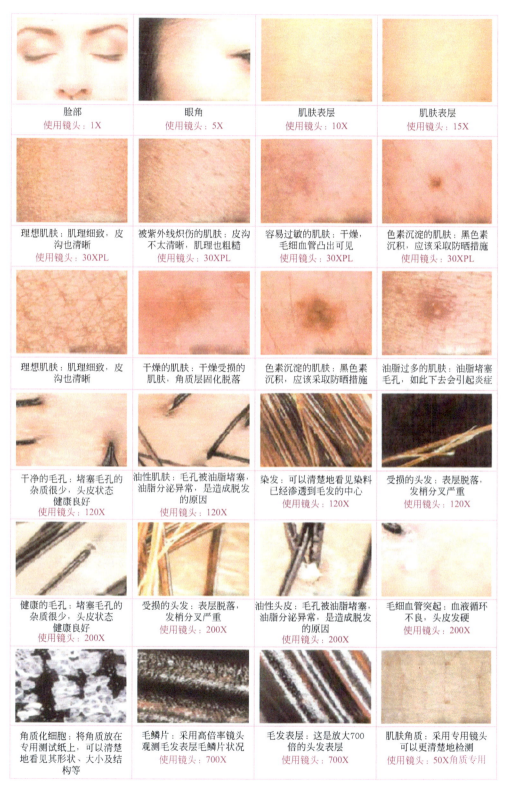

图3-36 皮肤的肌理

Chapter 03 第三章 形象设计的设计元素

② 油性发质：头发下垂，蓬松度差，不易梳理，也不易做发型。

③ 干性发质：头发卷曲而质硬，缺乏水分，外观干枯，容易打结，梳理或清洗时不顺畅，发端常有磨损现象。

天然头发的肌理与发型纹样肌理是相互联系又互有区别的。前者是基础，是纯自然物，后者是以前者为基础的重新构筑。现代发型的肌理特征已不再是直、弯、卷，大致归纳可分为细密、粗条、麻丝、塑块、松散、绒球、散卷等肌理形态（图3-37）。

3. 面料的肌理特征

服装被称为人体的"第二层皮肤"，对面料肌理质感的审美要求，占有越来越重要的位置。形象设计中，面料不仅仅停留于色彩、图案是否漂亮及手感是否舒适，更看重面料肌理所传达的特殊审美效果，如光洁、疏透、迷蒙、凹凸、粗涩、细柔、滑爽、挺括等风格特征。由于面料的种类繁多，而且不断有新的品种出现，这里只就纺织类、毛皮类和皮革类三个方面简单介绍面料的肌理特征。

① 纺织类：是指运用一定的纤维，按照一定的方式编织而成的面料。在所有面料中，纺织类是品种最多、运用最广的面料。根据纤维成分、织纹组织和织造方法的不同，其肌理特征也不相同。麻织物的表面肌理毛糙，不光滑，具有古朴、粗犷的外貌和风格；棉织物的特点是比较柔软舒适，保暖性强，吸湿性和透气性好，风格朴实；丝织物的外观轻柔典雅，雍容华贵，轻松飘逸，比较轻薄，有很好的悬垂感；毛织物的肌理特征是精纺的光洁挺爽，粗纺的手感厚重，长绒的柔软、温暖感强；化纤织物具有挺括、不变形、弹性较好、牢度较高、易洗快干、不怕虫蛀、不怕霉烂的优点，但透气性、吸湿性、柔软性较差。

② 毛皮类：是指带毛的动物皮。大都呈现自然生成的美丽花纹，并带有兽毛特有的光

图3-37　头发的肌理

图3-38　面料的肌理

泽，整体外观蓬松、豪华、高贵、典雅。长毛有厚重感，短毛有绒样感，直毛的悬垂性好，弯毛的纹理耐看，粗毛给人以粗犷的质朴感，细毛呈细腻柔软感。

③ 皮革类：是指刮去毛，经过鞣制加工的兽皮，也包括人造革。特点是挺括、柔软、富有弹性、细致、光亮、轻薄、耐脏，具有粗犷、潇洒的风格（图3-38）。

四、肌理在形象设计中的改造和运用

1. 皮肤肌理的改造和运用

皮肤肌理的形成除了先天性的年龄、性别、种族、内分泌、代谢状态和遗传因素外，还有来自环境、社会和季节、气候、职业、卫生条件、运动习惯、生活方式等因素。了解和掌握皮肤肌理的形成原因或因素，对皮肤肌理的改造有重要意义。

① 减少皮肤的皱纹：皱纹被认为是人衰老的象征，影响容貌的美丽，形象设计中最常遇到的问题就是如何减少皱纹，皱纹大致分为先天性和后天性两大类。先天性皱纹是不需要消除的，后天性皱纹中难以消除的是运动纹（由于肌肉不断收缩运动，使之相连的皮肤产生褶皱，久而久之，这些沟纹的张力逐渐衰退，形成固定的皱纹）和老化纹（由于衰老人体皮肤的张力、弹性退化，皮下组织和真皮层萎缩，皮层变薄，出现皱纹）；通过维护、恢复、改善和再塑可以减轻的是生理纹（指人体生理变化或生理活动产生的皱纹）；通过保护、预防和干预能延迟出现的是年龄纹（随着年龄的增长，皮肤张力、弹性逐渐降低而产生皱纹）。

② 延缓皮肤的老化：皮肤的衰老有多种因素，遗传与生理、吸烟喝酒过多、睡眠不足等都会使皮肤过早衰老，经常使用化妆品对皮肤的刺激也很容易使皮肤过早老化。延缓皮肤的老化，需从内、外两个方面采取措施。比如要养成健康的生活方式，不吸烟、不喝酒；多补水以保持皮肤的湿润（水分是细柔鲜嫩皮肤的主要成分，如果缺水，就会引起皮肤干燥，增添皱纹）；不要过多地暴露在阳光下（阳光中的紫外线是皮肤的杀手，它可以穿透皮肤，到达真皮，直接影响皮肤细胞的生长）。

③ 皮肤质地的保养：干性皮肤的人不可暴晒在阳光下，外出必须搽防晒霜，洗脸时要用温水，洗脸后应该及时搽些化妆水及湿润剂类的面霜充分保湿；油性皮肤的清洁是最重要的，因为容易张开的毛孔易受外来刺激而引起感染，应选择适合油性皮肤的化妆品化妆；过敏性皮肤比较脆弱，提高它的抵抗力是第一需要，过敏性皮肤容易受刺激而引起不良反应，使用化妆品时一定要慎重，常因气候的冷暖、阳光的暴晒、食物的不适、环境的污染等引起皮炎，最好每天进行一次冷热疗法，经常做脸部按摩与敷面膜。

2. 头发肌理的改造和运用

头发在水、热、酸、碱、硫、氨和器具施加的拉、压等化学和物理作用下，具有较强的变形能力，运用梳、剪、卷、烫、吹、盘、束及各种美发用品，充分利用头发的这种变形能力或称可塑性，运用美发科技处理手段，可部分或全部地改造头发的肌理，使头发能够按照发型设计的肌理要求，创造出既不失头发自然美，又可形成更多的不同肌理效果的发型形式，是形象设计中创造发型美的必要手段。

① 剪发：修剪的层次、厚薄、长短适宜，就能梳理成各种理想的发型式样，对脸形起到很好的修饰作用。

② 烫发：烫发可以烫卷或烫直，烫后的头发可塑性很强，能形成各种不同形状的纹理，梳理后可以组合成各种各样形态优美的发式。

③ 染发：染发可以强化发型的纹理，使光滑的纹理更显光滑平顺，活跃凌乱的纹理更显活跃凌乱，还可增加头发的动感和方向感。

④ 盘发：自古以来，人们就会将头发盘成各种式样。运用编、扭、盘、包等手法，编绞而成的各种发式风格多变，可以庄重，可以俏皮可爱，也可以柔美可人。

⑤ 吹梳：通过梳刷与吹风机配合，吹梳成的发型线条流畅，纹理清晰，发丝通顺，发型美观自然，随和飘逸。

3. 面料肌理的改造和运用

面料肌理的改造就是在原有面料的基础上，运用各种手段进行改造，使现有的面料在肌理、形式或质感上，发生质的变化，从而拓宽了服装面料的使用范围与表现空间。面料肌理的改造和运用体现了设计师的创造能力，是形象设计和服装设计中丰富面料的常用方法，分为加法原则、减法原则和加减法的综合运用三种方法。

① 加法原则。加法原则的具体表现形式有：抽褶法、填充法、堆积法、绣缀法、编织法、折叠法、镶嵌法、面料重置法等，目的是通过改造面料肌理，使服装表现出一种很强的体积感和量感，加强和渲染服装造型的表现力，丰富形象设计的语言。

② 减法原则。减法原则的运用手段有：省道合并法、镂空法、面料剪切法、抽纱法等，目的是通过改造面料肌理，体现服装的简洁朴素、雅致大方、欲说还休的含蓄美，以迎合人们对服饰既追求一种纷繁复杂的华丽之美，同时也讲求简洁大方的朴素美的双重需要。

③ 加减法的综合运用。加法和减法原则既可独立使用也可综合运用互为补充，这有利于丰富服装造型的综合表现力。

复习思考题

1. 什么是形象设计元素？形象设计的元素有哪些？
2. 什么是色彩的三要素？
3. 什么是四季色彩理论？
4. 什么是肌理？肌理美感表现在哪些方面？
5. 简述线在形象设计中的应用。
6. 简述色彩的情感效应。
7. 简述色彩搭配的原则。
8. 简述流行色的概念及产生因素。
9. 简述光造型的分类及特点。
10. 如何改造和运用皮肤肌理？
11. 如何改造和运用头发肌理？
12. 举例说明点在形象中的作用。
13. 举例说明面在形象设计中的应用。
14. 试述四季色彩理论在形象设计中的意义。

Introduction to
Image Design

第四章 / 形象设计的形式美法则

学习目标

通过本章学习，使学生了解形象设计的形式原理和错视，理解各形式原理和错视的含义及内容，掌握形式美法则在形象设计中的综合运用。

在日常生活中，美是每一个人追求的精神享受。当接触任何一件有存在价值的事物时，它必定具备合乎逻辑的内容和形式。在现实生活中，由于人们所处的经济地位、文化素质、思想习俗、生活理想、价值观念等不同而具有不同的审美观念，然而单从形式条件来评价某一事物或某一视觉形象时，对于美或丑的感觉在大多数人中间存在着一种基本相通的共识。这种共识是从人们长期生产、生活实践中积累的，它的依据就是客观存在的美的形式法则，我们称之为形式美法则。西方自古希腊时代就有一些学者与艺术家提出了美的形式法则的理论，时至今日，形式美法则已经成为现代设计的理论基础知识。

Chapter 04

第一节　形式美的构成法则

形式美的构成一般划分为两大部分。一部分是构成形式美的感性质料,主要是色彩、形体、声音等;一部分是构成形式美的感性质料之间的组合规律,或称构成规律、形式美法则。

形式美的法则是对自然美加以分析、组织,利用并形态化了的反映,是人类在创造美的活动中不断地熟悉和掌握各种感性质料因素的特性,并对形式因素之间的联系进行抽象、概括而总结出来的。从事物各部分之间的组合关系来看,其法则主要有比例和尺度、对称和均衡、节奏和韵律等,从事物的总体组合关系来看,其法则主要有整齐一律、多样统一等。

形象设计形式美的法则是构成形象设计形式美的感性因素的组合规律,它显示出与各种形式美一样的结构原理。

一、比例与尺度

1. 比例的美学特征及种类

所谓比例是事物形式因素部分与整体、部分与部分之间合乎一定数量的关系。比例就是"关系的规律",凡是处于正常状态的物体,各部分的比例关系都是合乎常规的。合乎一定的比例关系,或者说比例恰当,就是匀称。匀称的比例关系,就会使物体的形象具有严整、和谐的美。严重的比例失调,就会出现畸形,畸形在形式上是丑的。古代画论中有"丈山尺树,寸马分人"之说,人物画中有"立七、坐五、盘三半"之说,画人的面部有"五配三匀"之说,这些都是人们对各种景物之间和人体结构以及人体面部结构的匀称比例关系的认识和概括。我们平常称赞一个人容貌美为"五官端正",就是指五官之间比例适合。这些都体现了人体结构以及人体面部结构的匀称比例关系。人体比例大体上有基准比例法、黄金分割法、百分比法三种形式。

（1）基准比例法

以头高为基准,求其与身长的比例指数,称为"头高身长指数",简称"头身"。早在公元前4世纪后半叶就由雕塑家列西普斯创立了八头身比例。《米罗的维纳斯》就接近八头身比例（全身长204cm,头高26.6cm）（图4-1）,文艺复兴时期的达·芬奇也对人体比例有深入的研究（图4-2）。

现在人们认为最美头身指数为"8",即"八头身"比例最为完美,为达到理想的头身比例效果,高跟鞋成为时尚与爱美人士的宠儿,在视错觉中,高跟鞋可有效延伸被观察者的腿长与身高,从而达到近似"八头身"的理想比例。

（2）黄金分割法

黄金分割比例是指1∶0.618的比例。形象设计中对黄金分割法的应用很普遍,可广泛应用于多项局部设计,最主要的方法是把人体分为大小两部分,如大的部分为1,小的部分即为0.618,全身长则为1.618,这个大小部分的分界点正好位于肚脐。《米罗的维纳斯》就符合黄金分割比例,也是其超越时代、永远作为美的规范的原因（图4-3、图4-4）。形象设计中,上下装的造型比例与色彩分配常遵从黄金分割法。刻意提高腰线的造型设计,也可以塑造成长腿的形象,使之符合黄金分割比例。

图4-1 八头身比例

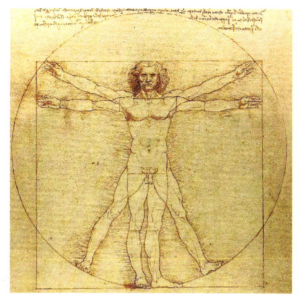
图4-2 达·芬奇的人体比例研究图

图4-3 人体黄金分割

（3）百分比法

百分比法多用于自然科学性的研究，如男的头高占全身长的14%，女的头高占全身长的12.5%。男的肩宽比女的宽2.5%，上肢比女的长2.2%，下肢比女的长2.4%。但躯干部却比女的短2%，臀宽比女的窄1.6%。形象设计中，常借助垫肩、文胸、裙撑等加强肩宽、胸围、臀围，根据造型需要来强化自然性别特征。

2. 尺度的美学特征

尺度也叫"度"，指事物的量和质统一的界限，一般以量来体现质的标准。事物超过一定的量就会发生质变，达不到一定的量也不能成为某种质。例如在人的面部五官中，眼、鼻、口是人们的审美重点，处于主要地位（图4-5），而眉毛、耳朵则处于次要地位，如果一个人的眉被修饰得过黑、过宽，就给人以喧宾夺主的感觉，影响美观。形式美的尺度指同一事物形式中整体与部分、部分与部分之间的大小、粗细、高低等因素恰如其分的比例关系。事物各部分或整体与部分之间的比例不符合一定的尺度，就显得不和谐，使人感到不美。匀称和黄金分割等就是重要的形式美尺度。富有美感的人体上存在着许多黄金点、黄金矩形及黄金指数。

3. 比例与尺度在形象设计中的运用

比例与尺度是指全体与部分、部分与部分之间长度或面积的数量关系，也就是通过大和小、长和短、轻和重等质、

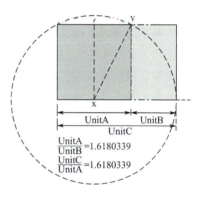
图4-4 黄金分割

图4-5 突出审美重点的化妆

量的差所产生的平衡关系。这个关系处于平衡状态时，就产生美的效果。比例与尺度在形象设计中的运用，就是利用错视原理，有效改善人体或服装各部分尺寸之间的比例关系，使其合乎比例尺度美。如头长与身高的关系，裙长与整体服装长度的关系，贴袋装饰的面积大小与整件服装大小的对比关系等。对比的数值关系达到了美的统一和协调，就达到了理想的比例与尺度。

由于观察者的眼睛总是自动地将分割块面相互比较，所以在进行形象设计时，合理运用比例和尺度，可"蒙骗"人们的眼睛，让它按设计后显现的脸型、五官、形体和体型去感知，而不是真正的人物原型。如通过发型改善脸型，通过化妆矫正五官，通过服装改善形体和体型等。

二、对称与均衡

1. 对称的美感特性

对称是指整体的各部分依实际的或假想的对称轴或对称点两侧形成同等的体量对应关系，它具有稳定与统一的美感。对称有静态对称（左右对称、上下对称、前后对称）和动态对称（放射对称）。左右对称是基本的，上下对称、前后对称是左右对称的移动。放射对称是以经过中心点的直线为中心轴的许多左右前后对称的组合。对称是世界中最常见的现象，一切生物体的常态几乎都是对称的，人的体型也是左右对称的（在相对的意义上）。如人体正常情况下，以鼻梁上线为中轴，双眉、双眼、双耳的部位间距和高低位置是均等的，行走时双脚先后起动、双臂前后摆动幅度也是均等的。人类之所以把对称看作是美的，就是因为它体现了生命体的一种正常发育状态。人们在长期实践中认识到对称具有平衡、稳定的特性，从而使人在心理上感到愉悦，相反，残缺者和畸形的形体是不对称的，使人产生不愉快的感觉。形象设计中，对称是最基本的造型手法，由于人体本身就是对称的典型，因此衣服一般也制成左右对称款式。它往往表现出庄重、大方和平衡、安定感（图4-6）。

2. 均衡的美感特性

均衡是从运动规律中升华出来的美的形式法则，是指对应的双方等量而不等形，即对应双方左右、上下在形式上虽不一定对称，但在分量上是均等的。均衡是对对称的破坏，均衡是在静中有动的对称，最明显的就是秤杆式对称，平衡点是固定不变的，但两边平衡物体的距离则

图4-6　对称设计

图4-7　均衡设计

随秤锤的移动而不同，使重量平衡。均衡具有变化的活泼感，是对称的一种变态，均衡作为形式美的一种法则，在造型艺术中得到了广泛运用。均衡使作品形式在稳定中富于变化，因而显得生动活泼（图4-7）。古希腊的艺术家认为人最优美的站立姿势，是把全身的重心落在一条腿上，使另一条腿放松，这样为了保持人体重心的稳定，整个身体就自然而然地形成了一个"S"形曲线美。如米罗的《维纳斯》、米开朗基罗的《垂死的奴隶》等，都是采取均衡这一姿态来塑造的。

3.对称与均衡在形象设计中的运用

对称与均衡是形象设计中经常运用的形式原理。人体的大多数器官，特别是体表器官都存在着左右对称，如双眼、双眉、双耳、双上肢、双乳、双下肢。人体的器官以对称为美。完美的面容都是对称的，现实中绝对对称的面孔极少存在，为使人的脸型和五官达到对称，在形象设计中就要对脸型和五官进行矫正，如一个眼大，一个眼小，则眼就失去对称美感。服装中的礼服类多采用对称的形态来表现庄重的气度。如被称作我国"国服"的中山装是完全对称的，它既借鉴了西洋服饰文化，又与中华民族的气质融合，加上近代革命的推波助澜和领袖人物的大力提倡，终于使其独立于世界服饰之林。但是对称又会使人显得呆板，缺乏生动，为在形象设计中克服对称形式拘谨、齐一的缺点，避免呆板、单调，创造生动活泼的气氛，在发型上运用斜刘海、侧分等形式，在服装上通过切线、口袋、装饰物、面料花色等方面的非对称形态与基本形态相结合，来增加变化和动感。

三、节奏与韵律

1.节奏的美感特性

节奏是音乐术语，是指音响的轻重缓急的变化和重复。节奏同样存在于我们现实的许多事物当中，主要指客观事物在运动过程中的有规律的反复。客观事物的运动表现为两种相关的状态，一是时间上的延续，指运动过程；二是力的变化，指强弱的变化。事物运动过程中的这种强弱变化有规律地组合起来加以反复，便形成节奏。这里说的节奏，是泛指形式美中具有普遍性的法则，而不是仅指声音或音乐艺术的形式因素。节奏从构成的结构上可以分为渐变的节奏、等差的节奏、旋转的节奏、起伏的节奏、等比的节奏、自由的节奏等，在艺术作品中，它指一些形态要素的有条理、有规律的反复呈现，使人在视觉上感受到动态的连续性，从而在心理上产生节奏感。

（1）渐变节奏

形象设计的渐变节奏，如同音乐中渐弱、渐强的节奏，是将点、线、面、体、色彩等诸要素按一定秩序进行递增或递减的变化而形成（图4-8）。

图4-8　色彩渐变节奏

根据设计需要节奏的强弱不同,可以用等差的演变,平缓而从容的上升或下降,也可以用等比级数式的变化,成倍增减,形成迅疾、跳跃性的节奏,从而可以使形象设计达到轻柔、舒缓或起伏跌宕的视觉效果。

(2)重复节奏

单一重复节奏是以一个单元连续反复而形成的节奏。它既可以是同一色彩、图案、形体等造型要素的连续多次反复,也可以是几个要素构成的小单元的连续反复(图4-9)。

图4-9　图案重复节奏

2. 韵律的美感特性

韵律是节奏的变化形式。它将节奏的等距间隔变为几何级数的变化间隔,赋予重复的音节或图形以强弱起伏、抑扬顿挫的规律变化,产生优美的律动感。如对同一形象元素做有规律的大小、长短、疏密、色彩、肌理等方面的艺术加工而构成的画面效果。对比与变化是韵律有别于节奏的标志,合理的韵律画面构成不仅富有运动的造型特质,而且更符合人们追求视感丰富的审美心理。节奏与韵律往往互相依存,一般认为节奏带有一定程度的机械美,而韵律又在节奏变化中产生无穷的情趣,如植物枝叶的对生、轮生、互生,各种物象由大到小、由粗到细、由疏到密,不仅体现了节奏变化的伸展,也是韵律关系在物象变化中的升华。

(1)交替反复韵律

交替反复的韵律是以两个或两个以上的独立造型要素(或单元)进行交替反复。它是重复节奏中较复杂的一种形式,它可以使简单要素产生多样化的效果(图4-10)。

(2)动感韵律

动感韵律是通过点、线、面、体、色彩等诸要素的变化体现出的一定的方向性、流动性,从而形成整体的动感效果(图4-11)。

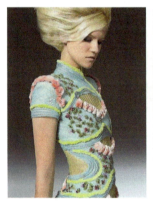   

图4-10　交替反复韵律　　　　　　　　图4-11　动感韵律

3. 节奏与韵律在形象设计中的运用

形象设计中节奏与韵律的运用是一个重要的设计方法，是指对某些造型设计要素进行有条理性、有秩序感、有规律性的形式变化，从而形成一种如同音乐节奏与旋律般的形式美感。这种贯穿节奏与韵律的造型设计，虽然简洁却有着丰富无比的内涵，表现出变化统一的艺术规律。形象设计中的节奏与韵律，常以形体的厚薄、线条、大小、形状、肌理、色彩等来表现，其表现形式有重复节奏与韵律。在形象设计中，重复是常用的手段，同形同质的形态因素在不同部位出现，同样的色彩和花纹的重复等，如服装的装饰花边、发型的发辫设计；渐变节奏与韵律，即设计呈现出具有数学计算的、渐次的、规律性变化的节奏韵律形式美，色彩的冷暖、形状的方圆、体积的大小，都可以通过渐变的手法求得它们的统一，如化妆中多色、单色眼影与唇膏的晕染就是通过渐变手法来实现的；发射式节奏与韵律，即设计围绕一个中心点展开，使造型设计具有丰富的光芒之感，有时甚至是一种炫目的视觉感受，如以强调发型为主的形象设计，其化妆、服饰的搭配就要围绕发型而进行。

四、整齐一律与多样统一

1. 整齐一律的美感特性

整齐一律，亦称单纯同一，是最简单的一种形式美的规律，即在整体形态中没有明显的差异和对立因素，通过将复杂的结构归纳为简洁的视觉心理比较容易接受的形态，通过突出、强调主要部分来引人注目，增强视觉效果，简洁的形态也可以蕴含丰富的内在信息。黑格尔指出："整齐一律一般是外表的一致的重复。这种重复对于对象的形式就成为起赋予定性作用的统一。"它的特点是没有差异和对立的一致和反复。重复是表达单纯美的一种重要手段，它是指某一个单元有规律性的反复或逐次出现，所形成的一种富有秩序性节奏的统一效果，或是通过对同一形式的反复达到整齐划一的效果，体现一定的节奏感。整齐一律对人的感受如果持续太久，则感觉钝滞、呆板、缺少变化。例如庄稼的行距、道路两旁的电线杆和树木等有序的排列，都很整齐。因此，军事训练中的行进速度、学生或职业的着装、社会秩序等都必须讲究整齐美的法则。

2. 多样统一的美感特性

多样统一是形式美的最高法则，又称和谐。多样统一的法则是对称、均衡、整齐、比例、对比、节奏、虚实、从主、参差、变幻等形式美法则的集中概括，它是各种艺术门类必须共同遵循的形式美法则，是形式美法则的高级形式。多样统一是自然科学和社会科学中对立统一规律在审美活动中的表现，是所有艺术领域中的一个总原理。我们的自然万物乃至整个宇宙都是被这一法则包含着的丰富多彩而又统一的整体。在艺术作品中，由于各种因素的综合作用使形象变得丰富而有变化，但是这种变化必须要达到高度的统一，使其统一于一个中心或主体部分，这样才能构成一种有机整体的形式，变化中带有对比，统一中含有协调。多样统一也体现了自然及人的生活中的对立统一现象。如形有大小、方圆、高低、长短、曲直、正斜，质有刚柔、粗细、强弱、润燥、轻重，势有动静、疾徐、聚散、抑扬、进退、升沉，这些对立因素统一在艺术形象上，就成为和谐的形式美。多样统一包括两种基本类型。一种是对比，即各种对立因素之间的统一；一种是调和，即各种非对立因素之间相联系的统一。

图4-12 主次

（1）主次

主次是指在造型要素之间主体与客体、整体与局部的主次关系。它体现了形式美法则的"多样统一"的基本规律，同时也是任何艺术创作过程中都要遵守的法则。要求在造型中各部分之间的关系不能平均相等，主要部分在整体造型中有一定的统领性，它往往会影响次要部分的取舍。用这种方法进行设计必须先根据主题要求，先确定主次要素的安排。在形象设计中为了表达突出主题，通常在造型、色彩、材料上采用有主有辅的构成方法。例如以一款紫红色的长袖及膝外套为主色进行设计，以接近肤色的腰带做辅助色，由于腰带面积过大，需以紫色头饰和偏向冷紫色的眼部妆容做呼应点缀，强化紫色面积，最终构成紫色调，整体形象色彩的主、辅、点明确，色彩搭配和谐统一（图4-12）。

（2）强调

强调是指整体中最醒目的部分，它虽然面积不大，但却有"特异"效能，具有吸引人视觉的强大优势，起到画龙点睛的功效。强调能使形象鲜明、风格独到、视觉效果强烈，是形象设计的兴趣中心，也是增强形象生命力的重要手段之一，形象设计中的强调因素的形式多种多样，主要有位置方向的强调、材质肌理的强调、量感的强调等，以造型元素为例就有点的强调、线的强调、面的强调和体的强调（图4-13）。

（3）呼应

呼应是指事物之间互相照应、互相联系的一种形式。形象设计中是指相关因素（形、体、色、质等）出现在不同的部位产生重复的印象，以取得形象各部分之间相互照应的一致性的艺术手法，这种手法易形成一种整体效果。常见的形式有形态呼应、色彩呼应、线型结构呼应、材质呼应。如相同的耳饰和服饰造型、同一色彩分别用于妆色和服色上等，这种呼应关系在形象设计中常常起到意想不到的效果（图4-14）。

图4-13 强调

图4-14 呼应

图4-15 调和

（4）调和

调和是指构成美的形态的一部分与另一部分之间在其质、量、形、色等各方面彼此和谐、互相之间彼此接近的一种关系。与此相反，不统一、无秩序、使人感觉不愉快的状态叫不调和。调和法则在自然界中广泛存在，绝对的调和是没有的，而倾向整齐、安定的调和总是同对比现象共存的，设计中常采取尽量增加形、色、质等共同因素的手法来实现调和。在形象设计中，调和是取得形式美的重要手段之一。如方的形态，同时出现在领、袖、下摆、口袋等处时，就容易达到调和，但类似性过强，就会感到单调。所以要通过对比来加以变化，比如色彩的分割、布局变化等，但对比的量一定要控制得恰如其分（图4-15）。

3. 多样统一在形象设计中的运用

在美学中经常提到的比例、对比、调和，都属于对立而又统一的。统一由对立构成，统一中有差异，对立并不消失，而是同时并存。无论是对比或是调和，其本身都要求有变化，在统一中有变化，在变化中求统一，方能显出多样统一的美来。形象设计中，发型、头饰、化妆、服装、饰物都会有很多变化，但就整体形象设计而言，既要追求造型、色彩、材料的变化多端，又要防止各因素杂乱堆积缺乏统一性，各部分的内在联系要与整体统一起来，众多美的局部很难同时体现，为此，就要有所取舍、突出重点、主题，只有在统一中求变化，在变化中求统一，并保持变化与统一的适度，才能使设计的形象趋于完美，达到整体形象的和谐。如一条丝巾，是由形体、色彩、花色和质料构成的。该丝巾美不美，在于丝巾各部分的协调一致，当丝巾作为服饰的一部分来佩戴时，丝巾又连同服饰变成整体中的一部分，当与穿着者的容貌、体形结合在一起，必然构成与发型、化妆和服饰相协调的整体形象美。

第二节 形象设计的错视及其利用

错视是视觉错误的意思，是人的大脑出现的视觉错误。包括由眼球生理作用所引起的错觉和病态错觉等，通常指几何学的错视和因色彩对比所造成的错觉。错视研究具有广泛的应用，人类对错视的研究已经有了长达150多年的历史，对于错视现象，不仅需要在许多场合警惕和避免，以防止大脑做出错误的判断和反应，实际上它还经常被有意识地加以利用。错视主要表现为形的错视，其次为色的错视，再次是光和肌理的错视。画家在作画时随时都在利用错视现象，为的是取得他所期望的视觉效果，错视在形象设计中具有十分重要的作用，利用错视规律进行设计，能弥补体型上的某些缺憾，把不理想的部位加以改善，使设计的形象在错视的作用下达到预期效果。

错视种类很多，可分为线段错视、角度错视、面积错视、透视错视、分割错视、位移错视、重叠错视、对比错视、高低错视、变形错视、立体错视、色彩错视等，概括起来只有图形错视和色彩错视两类。运用于形象设计中的错视有形的错视和色彩错视。

一、图形错视

运用于形象设计中的图形错视包括角度和方向的错视、分割的错视、对比的错视、上部过大的错视、反转的错视等。

1. 角度、方向的错视

通过线的位置、角度或交差，可以看出不同角度和方向，如本来是两条平行线，但看起来却不平行；本来两个相等的角度图，但看起来却是其中一个的角度感觉窄等（图4-16）。

2. 分割的错视

指对同一物体采用不同形状的线加以分割，能使人产生不同的错视效应。如用垂直线和水平线分割的两个相同的正方形，垂线分割的正方形看上去显得稍长，而水平分割的正方形则显得略宽。原因是一根竖的线条能引导视线上下伸展，使人感觉线在竖直方向延长，而横的线条则引导视线向左右扩张，使人感觉线在加宽（图4-17）。

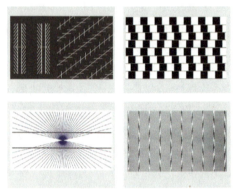

图4-16　角度、方向的错视

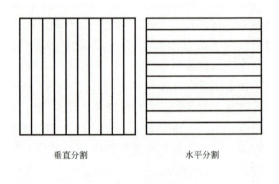

图4-17　分割的错视

3. 对比的错视

指两个局部结构并列后，相互之间的对比所形成的错视。如大帽子、宽肩设计会使人的面部显得娇小。对比错视效果因对比局部其距离远近程度及身体形态的量之间差异而不同。距离越远，对比局部之间量的差异越小，对比越不鲜明，错视感也随之削弱，反之亦然（图4-18）。

4. 上部过大的错视

同样大小的图形上下重叠时，上方的形显得大。如一般将8、3等文字的上部缩小就是这个缘故（图4-19）。

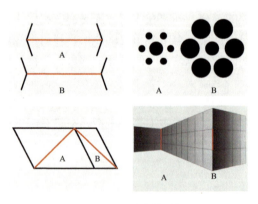

图4-18　对比的错视

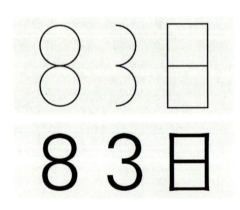

图4-19　上部过大的错视

5. 反转的错视

同一图形，由于视点不同给人的立体效果就不一样。空间的视点是矛盾的，多变的，可以从多个视角进行观看，但结合起来却无法成立，互相矛盾，使人产生不合理的视觉效果，自然界中蓝天白云、红花绿叶都反映了一种对比与衬托之间的关系。在设计中，图形的反转错视可根据对比关系而定，对比越大越容易区别图与底。凹凸变化中的凸的形象有正图感；面积大小的比较中，小的有图感；在空间中被包围的形状有图感；在静与动中，动态的具有图感；在抽象的与具象的之间，具象的有图感（图4-20）。

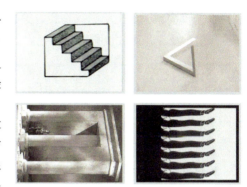

图4-20　反转的错视

二、色彩错视

运用于形象设计中的色彩错视包括前进与后退的错视、膨胀与收缩的错视、冷暖的错视、轻重的错视、兴奋与沉静的错视等（参见第三章第二节中色彩的视觉心理图片）。

1. 前进与后退的错视

色彩的前进与后退是指人们在看相同距离的不同颜色时，产生的远近不同的错误感觉，又叫色彩的距离感。一般情况下，暖色、纯色、明亮色、强烈对比色等具有前进的感觉。冷色、浊色、暗色、调和色等有后退的感觉。远近感是由纯度决定的。一般来说，红色是前进色，绿色是后退色，但是暗红和明绿并列时，明绿为前进色，暗红为后退色。因此，色彩的前进与后退，与色彩的明度也有密切的关系。

2. 膨胀与收缩的错视

色彩的膨胀与收缩成因有多种，其中的一个原因是与明度有关。明度高的颜色有扩张、膨胀感；明度低的颜色有收缩感。明度高的色彩离散性强，显得灵活，有扩张感；明度低的色彩汇聚性强，有向心力，显得平稳，偏于凝重和静守，有收缩感。

3. 冷暖的错视

造成色彩冷暖错视的因素既有生理的因素，也有心理联想的因素。颜色本身并不具有冷暖变化和差异，而是视觉上的错觉产生的色彩冷暖，色彩的冷暖与色彩的膨胀与收缩、前进与后退的生理感觉、反应有着密切的联系。一般来说具有膨胀和前进感的颜色偏暖，具有收缩和后退感的颜色偏冷。

4. 轻重的错视

色彩产生轻重的感觉有直觉的因素也有联想的因素，通常情况下，明度高的颜色会感觉到轻，以色相分轻重的次序排列为：白、黄、橙、红、灰、绿、黑、紫、蓝。不论暖色系还是冷色系轻重顺序为高明度轻，中明度其次，低明度重。而同一明度、同一色相下，纯度高的颜色感觉轻，中纯度其次，低纯度感到重。在接近黑、灰时，明度高的颜色显得轻，明度低的显得重。

5. 兴奋与沉静的错视

凡是暖色的、波长长的、明度和纯度高的色彩，对人的视网膜脑神经刺激也强，可促使血液循环的加快。长时间注视红或橙红色会有晕眩感。这些现象是通过视觉感觉,刺激脑神经产生兴奋的反应,因此也称为兴奋色。而当视觉注视冷色、波长短的、明度和纯度低的色彩时会产生沉静的反应,因此也称为沉静色。

三、错视在形象设计中的利用

在日常生活中,错视是谁都会产生的,但在造型作品中,如何进行矫正,或有意利用错视来产生新的效果则是很重要的。在形象设计中可以利用前面提到的一些有利的、规律性的错视来弥补人体的某些不足,以达到理想的设计效果。

1. 利用角度、方向错视

进行形象设计时,如脖子短的人可采用V字领设计,因V形具有箭头的方向感,会使脸部、颈部显得修长(图4-21);胸部较平的女性可在胸部采用花边设计、多层波浪褶、有凸起的面料肌理设计,使得胸部看上去更加丰满(图4-22)。

图4-21　V型领拉长颈部　　　　　　　　图4-22　层叠褶皱凸起丰胸

2. 利用分割错视

进行形象设计时,应科学考虑形象元素的内外结构线及材料的线型、纹理。采用竖线条的内部结构分割和外部轮廓线造型设计,能在视觉上增加体型的高度感,发挥线条在立体空间中的延伸作用。如瘦长体型的人,采用横向的内部结构分割线和外部造型线,在视觉上作横向引导,能增加宽度感,给人以丰腴的感觉(图4-23)。在材料选择上,同样的材料因其线型、纹理的不同,视觉效果也不同,大线型、纹理有丰硕、扩张的错视感,体胖者不宜穿着,而小线型、纹理则具有相对的收缩感。

3. 利用对比错视

进行形象设计时,应合理利用对比错视进行设计,扬长避短,弥补形体上缺陷和不足。如胖体型不宜采用过多的细部设计,可用一些简练的垂线型设计,以免愈加臃肿(图4-24);相反,瘦弱体型通过细部的设计则可以使视觉上增强丰满感。

图 4-23　横向线与造型增宽　　　　　图 4-24　简练垂线分割显瘦

4. 利用上部过大的错视

进行形象设计时，应对体型加以分析研究，肩部宽、胸部大、过于丰满，会使人显得矮，使臀部与大腿相对显瘦，上身有一种沉重感。所以选择服饰时，应避免款式繁复，以此让上身在视觉上显得小些，也可以利用饰物强调来表现腰、臀和腿（图 4-25）。

图 4-25　装饰腰、臀、腿避免上身过大

5. 利用色彩错视

人自身的形体是形象设计诸要素中最重要的要素之一，利用色彩的错视进行形象设计不仅能突出人的自然形体美，还能够弥补和调节人体的缺欠，达到扬长避短的美化目的以及效果。通过不同色相、明度和纯度的色彩搭配组合，借助色彩的视错觉可以塑造一个近似理想的形象大造型，其中，色彩的前进与后退错视与色彩的膨胀与收缩错视应用最为广泛。要特别突出某一部位，可以选用纯度和明度都比较高的颜色，将人的视线吸引过来，反之，可以选用纯度和明度都比较低的颜色。通常，较瘦的体型可以用亮的、明度高的色彩，使其显得稍为丰满一些，而较丰满的体型则最好使用深的、明度低的色彩（图 4-26 ~ 图 4-28）。

图4-26　利用色彩错视瘦身

图4-27　色彩错视弥补臀小腿细　　　　　　图4-28　色彩错视弥补腿短

综上所述，形象设计是以人为主体的设计，以实现人整体形象的和谐统一为目的。巧妙利用错视进行形象设计可以通过补偿、强化、塑造三种手段改善人的自然形象，从而塑造出富有生命力的完美形象。但上文所述错视方法只是单一的介绍，在形象设计中具体运用时，往往是多种错视方法共同使用，必须要针对具体对象做具体的个案分析，再确定设计方案，体现以人为本的设计原则。

复习思考题

1. 什么是比例？常用的人体比例有哪些？
2. 什么是平衡、呼应、调和、韵律、主次、强调？
3. 什么是多样统一？如何在形象设计中把握多样统一？
4. 什么是错视？
5. 形象设计中常用的错视有哪些？
6. 如何在形象设计中利用错视？

Introduction to
Image Design

第五章 / 形象设计的构成

学习目标

了解发型、化妆、服饰、仪态在构成形象设计中的特性、地位和作用,掌握发型、化妆、服饰的设计技巧和仪态在形象设计中的具体运用。

形象设计是一个整体的观念,是一个系统的工程,在实际操作过程中,整体是相对于局部而言的。这里所说的整体是指包括人、物等多种要素在内的综合体。其中人的要素包括脸型、发型、体型以及人的服装服饰、气质、职业等;物的要素包括时间、地点、环境等。这些局部元素合力构成形象设计的完整轮廓。形象设计中任何一个局部的设计都不是孤立存在的,在对每一个局部进行修饰、设计时都应同时考虑到其他的要素,因此,在形象设计中整体概念必须贯穿于整个设计的始终,缺一不可。形象设计的构成,通常是将形象内容划分为头部、面部、体型和仪态等部分,分别进行发型、化妆、服饰、仪态的设计或塑造,然后再将这几个部分整合起来,结合时间、地点、环境等因素,让它们互相协调地构成一个完整的形象。发型设计、化妆设计、服饰设计、仪态塑造是形象设计的重要构成部分。

Chapter 05

第一节　发型设计

发型设计，也叫发式设计，是一门综合的艺术，它涉及多门学科。决定发型设计的首要因素是头型、脸型、五官、身材、年龄等显性因素，其次是职业、肤色、着装、个性嗜好、季节、发质、适用性和时代性等隐性因素。

一、发型设计的表现

从其种意义上讲，发型宛如美妙的语言，不仅可以展示一个人的民族、年龄、阶层和职业，还可以表达出一个人的个性、穿着与品位。每个人都是自己生命的主角，随着经济的发展和生活水平的普遍提高，在大中城市发型设计已被消费者广泛接受，人们已经不再满足于过去修剪头发的阶段，而更多的是追求时尚与个性。

二、发型设计要素

1. 线条

线条在美学中是形式美的基本法则，在发型设计中也是重要因素。由于人本身就是曲线结构的综合体，人对曲线情有独钟，所以古今中外发型应用曲线者居多，但亚洲人的天然直发，与人体的曲线结构对比搭配，显现着明快、流畅、挺拔、自然的线条美，因而，在发型设计中，直线条也占有重要地位。

2. 款式

发型的款式是发型存在的空间形式，是看得见摸得着的三度空间立体造型的自然物质实体，是发型设计的核心。发型有了款式美，才能称得上形式美和发型美；杂乱无章、丑陋不堪的款式，不会构成美的形式。发型的款式是根据审美意识和要求，对头发原有形态的体积、结构、比例、质地乃至颜色做全部的或局部的改造后而形成的合乎发型形式规律的具有规则性和象征性的美的形体。

3. 块面

块面是发型的局部形体，是发型款式的有机组成部分，一般分为前发区、顶发区、后发区和左右侧发区。发型的块面，是按各视角面形体外观不同的线、形、体结构划分的。同其他造型艺术一样，发型展示于人的视觉时，必须具备适量的美点，或称兴奋点，来激发欣赏者的审美情趣。发型的主体块面和各主要视角面的主要块面，就是发型的美点或兴奋点，也是造型的重点，从属块面起到衬托、过渡和连续作用。

4. 纹样

纹样是发型整体及各局部外观发丝花纹的总称，是构成发型立体形式的重要手段，有主导、视角本体、扩体等纹样。在发型的构成上，主导纹样的选择应用是至关重要的。发型一般是用一种纹样或相关的一组纹样，其余所用只是陪衬和连续。

5. 肌质

肌质是造型艺术中肌理与质地的合称。在发型设计中，如缺乏了肌理美的因素，则其形体、块面、纹样等都将失去物质基础。头发是构制发型的天然材料，按酸碱度分为酸性、中性、碱性，按头脂含量分为干性、中性、油性，按头发形态分为钢发、油发、沙发、绵发、弯发、卷发。头发在水、热、酸、碱、硫、氨和器具施加的拉、压等化学和物理作用下，具有较强的变形能力。人们正是利用这种变形能力或称可塑性，运用梳、剪、卷、烫、吹、盘、束及各种现代美发用品，部分或全部地改变头发的质地，使头发能够按照发型形体设计的线条纹样配列，构成美的发型肌理和质地，给人以肌质美感。

6. 色彩

色彩是造型艺术的重要表现手段，也是发型设计不可缺少的造型要素。发型中色彩的应用，除对发色准确分析外，主要是去除头发不理想的固有色，给头发增添理想的色彩，常用表现方式有漂发和染发。色彩的应用须遵循发型设计的多样统一、和谐美观的原则，以丰富和美化发型、增强审美价值为目标，色彩搭配上，原色、间色、同类色、邻近色、对比色均可采用，但需要与主基调发色相联系相和谐。

7. 发饰

发饰是发型的装饰物，是为美化或提高发型艺术形式已有的审美效果，以其自身的形式关附着于发型形体上，并与发型相和谐形成统一的发型美的装饰物品。从发饰在发型上的应用来看可分两类，一类是以发型为主体的发饰，此类发饰的形、色、质、量须服从发型设计的需要。另一类是以发型为基础利用发饰作为主体块面的扩体造型，此类发饰的形、体、色、量是用来补充发型设计的不足。

三、发型的分类

1. 按发丝形态和造型分类

有直发类、卷发类、束发类三类。

直发类发型是指没有经过电烫，保持原来自然的直头发，经过修剪和梳理后形成的各种发型；卷发类发型是指直发经过电烫后形成卷曲形的头发，通过盘卷和梳理而形成的各种不同形状的发型；束发类发型是根据不同需求采用发辫、发髻、扎结等操作方法形成的造型（图5-1）。

图5-1　发丝形态和造型分类

2. 按发丝的长短分类

有长发、中长发、短发三类。

长发的长度一般超过肩线；中长发的长度一般在肩线以上耳朵以下；短发的长度一般不超过15cm，能见到发茬的为超短发。

3. 按发丝的卷曲度分类

有直发、波发、卷发三类。

直发可分为硬直发（发绺的方向自始至终很少变化）、平直发（头发紧贴头皮，单根头发在平面上有不甚明显的弯曲）和浅波发（弯曲较明显、在4～5厘米的发长范围内只有一个弯曲）；波发包括宽波发（头发不完全贴在头皮上，在4～5厘米的发长范围内弯曲不少于两个或三个）和窄波发（在4～5厘米的发长范围内可能有四个或五个弯曲，甚至更多，发的末梢往往成环形）；卷发包括稀卷发、松卷发、紧卷发和紧螺旋形卷发等。

4. 按实用性分类

有生活发型、艺术发型之分。

生活发型是日常生活、工作所需要的发型，生活发型又可分为普通发型和晚装发型（生活型、晚宴型和新娘型）；艺术发型是发型设计师为体现创意而设计的发型，一般见于发型比赛和发布会上，效果极为夸张的是纯艺术发型（图5-2）。

图5-2　发型实用性分类

5. 按风格分类

有古典发型、传统发型、流行发型、时尚发型、前卫发型。

古典发型是具有复古风格并经时代流传下来并被人们接受的发型；传统发型是流行多年甚至几十年的发型；流行发型是时下正流行的发型，时尚发型是多为追赶时髦的人所热衷，并由这群人率先尝试，进而流行起来的发型；前卫发型是稀奇古怪、颇受争议的发型。

除上述几种发型分类方法外，还有按性别、年龄、民族等方面的区别对发型进行分类的。

四、发型的特性

发型具有实用性、形象性、审美性、观赏性、象征性、民族性和时代性等表现因素。发型不仅仅是形象设计的组成部分，还常常展示着人类的内心活动，表现人物个性及精神世界。

1. 发型的实用性与审美性

实用性是审美性的前提和基础，审美性反过来也可以增强实用性，所以，实用性和审美性二者相互促进，缺一不可，密不可分，它们构成了发型的基本原则和特征。人们选择发型时，往往会以自身的职业、身份、年龄以及所处环境作为先决条件，并考虑生活、工作的实际需要，这就形成了发型的实用功能。优美、适宜的发型不仅能改善心态，传递美感，更成为人们的审美对象。审美性本身就具有社会功能，缺少审美性的发型形象，也势必降低其社会实用性。

2. 发型的形象性与联想性

发型的形象性是指发型的轮廓、线条变化、体积结构以及头发质感、光泽等因素，也包括对均衡、多样统一等形式法则。形象性是联想性的外部体现，联想性是形象性的内在灵魂。借助形象性，采用不同表现手法和形式增加发型的寓意，可以唤起人们的各种联想，纵观古今中外的发型，有许多包括了大自然中的垂柳花影、云雾山峥、日月星辰，还有动物图案以及几何形体等。这种联想传达出人们内心的某种感受，使发型的审美意境更加生动、富有活力。

3. 发型的流行性与个性

流行是迅速传播而盛行一时的一种现象。发型的流行性是人们在发型上的共同样式、风格及其传播、流动的现象。它是在一定的时间、空间内发生的，并且在这样的时空中，有相当比例的人的发型是一样的。流行在时间上表现为新的发型风格对旧的形式的取代，空间上表现为由流行策源地向四周的波及，以及由流行倡导者走向多数人的量的增加，也就是独特性向普遍性的一种转化过程。个性的首要特点即它的独特性，是富有个别性格特征的发型，它的本质规定性表明它与流行发型的符合众人口味的特性是完全相反的，这是个性与共性中不可调和的矛盾。从概念上理解，流行性与个性是分属两个相互矛盾的范畴。但是，流行性与个性的关系在实际的时尚圈内又不是这样简单的矛盾关系，它们在具体的表现中是相互依存和转化的。

4. 发型的民族性与时代性

发型具有浓郁的民族风格和鲜明的时代特色，就是民族性与时代性的有机统一。发型的款式、纹理、色彩和发饰等无一不体现出民族的风格和特色，发型鲜明的时代性首先在于它总是表现出特定时代、特定社会的情感和理想。

五、发型设计与头面部结构

头面部结构是决定发型的最重要的因素之一，由于发型正好在人的视平线上，最容易引起人们的关注，会直接影响到形象设计的整体效果，发型的可变性不仅可以修饰头型，还可以修饰脸（面）型，以及利用发型来弥补脸型的缺陷。

1. 发型设计与头型的关系

人的头型大致可以分为大、小、长、尖、圆等几种型。

① 头型大：头型大的人，不宜设计烫发，最好设计成中长或长的直发，也可以剪出层次，刘海不宜太高，可适度盖住一部分前额。

② 头型小：头型小的人，头发要设计得蓬松一些，长发可烫成蓬松的卷发，但头发不宜设计得过长。

③ 头型长：头型长的人，会显得面部较窄，故两侧发量应设计得较为蓬松，头顶部不要过高，应使发型有横向发展感。

④ 头型尖：头型尖的人，由于头顶上窄下宽，不宜设计平头，宜剪短发烫卷，头顶部分发量可适度压平一些，两侧头发向后吹成卷曲状，使头型呈椭圆形。

⑤ 头型圆：头型圆的人，应在视觉上拉升脸部长度，头顶发量可适度增高，或把刘海设计得高一点，两侧头发向前面吹，但不要遮住面部。

2. 发型设计与脸（面）型的关系

脸（面）型常见的一般分为八种。当设计发型时，应从头部的生理结构特征出发，正确地认识发型与脸（面）型的关系，并根据每个人脸部的优缺点，做到扬长避短的效果。

① 椭圆脸形：形似鹅蛋，故又称鹅蛋脸，是古今中外公认的标准脸型。适应性广，可设计各种发型。

② 圆脸形：颊部比较丰满，额部及下巴都圆，设计发型时，两侧头发尽量薄些，让顶部头发升高，把额头充分显露出来，头发向两边分，使脸型有窄长感。头发最好有一点弯曲，但是不要向外弯成弧形，那样会增加脸圆感。头缝可设计成中分，亦可侧分，亦可较短地向内略遮住脸颊，较长的一边可自额顶做外翘的波浪，可破坏脸圆感（图5-3）。

③ 长圆脸形：设计时内轮廓的额发不宜太高，外轮廓发顶部不宜过高，否则会使脸型更长。左右颧颊不宜遮挡，可用柔和的鬓发来增加脸型的圆润丰满感觉。

④ 长方脸形：前额发际线较高，下巴较大且尖，脸庞较长。前额头发让其自然向下斜，通常不适合起发脚。适合设计自然又蓬松的发型，这样可以显得温和可爱一些。可以将头发留至下巴，额前可留刘海，两颊头发剪短一些，这样可以缩短脸的长度和加强脸的宽度。也可以将头发设计成柔和的童花式，将两边梳得饱满一点，看起来脸有圆润的感觉。也可将脸部两边的头发梳得蓬松翻翘，使脸看起来宽一点（图5-4）。

图5-3　圆脸形发型设计　　　　　图5-4　长方脸形发型设计

⑤ 方脸形：较阔的前额与方形的颌部，给人留下刚强的印象。设计时可用发型内轮廓对脸型有部分遮挡，来掩饰脸部的转折，强调脸的中部宽度，一般不强调头部的高度。可将前额的头发斜盖下来，遮掉一角额头，头发下摆可以波状地遮挡。也可以将两侧头发剪薄，顶部头发剪碎作凌乱造型（图5-5）。

⑥ 正三角脸形：头顶及额部较窄，下颚部较宽。设计时发型的上部要蓬松，下部收缩，前额头发自然垂向两边，用发型来遮挡腮部，但不能中分。也可以将头发往后梳成宽型，而在颈后留一点头发，平衡一下脸型，使腮部看上去不那么宽大。可以设计刘海，但不能设计成鸡冠形的高刘海，这样会使额头更尖了（图5-6）。

图5-5　方脸形发型设计　　　　　　　图5-6　正三角脸形发型设计

⑦ 倒三角脸形：上宽下窄，特征与正三角脸形相反。设计时要注意顶部的头发不要蓬松，夸张的应该是下部头发靠近面颊处，用扩展的两侧头发来拓展脸下巴，使尖尖的下巴和双颊立体起来。可以是紧贴头发的直发发型，在两侧及后发际线留少许碎尾。也可采用将头发侧分，较长的一边设计成波浪式，发长宜齐下巴，让头发自然垂下内卷但要遮住两颊及下巴，以免显得更尖（图5-7）。

⑧ 菱形脸：上额角较窄，颧骨凸出，下巴较尖。设计时可以参考正三角脸形和倒三角脸形的设计方法，头顶发型蓬松一些，颊部的发型也应蓬松，不宜梳高刘海。也可以烫发，用大的波浪或小的波浪来去掉脸部的尖尖的棱角感觉。刘海最好遮住前额，这样可以使头顶圆起来（图5-8）。

图5-7　倒三角脸形发型设计　　　　　　图5-8　菱形脸发型设计

3. 发型对脸型缺陷的弥补

利用发型来弥补脸型缺陷的方法有衬托法、遮盖法和填充法。

① 衬托法：就是利用两侧鬓发和顶部的一部分块面，来改变脸部轮廓，分散原本瘦长或宽胖头型以及脸型的视觉。

② 遮盖法：就是利用头发组成合适的纹理或块面，以掩盖头面部某些部位的不协调及缺陷。

③ 填充法：就是利用电烫等技术增加原有头发的量感，或是借助发辫、发髻等来填补头面部的不完美之处，或缀以头饰来装饰。

六、发型设计与体型

发型与体型有着密切的关系，发型处理得好，对体型能起到扬长避短的作用，反之就会夸大形体缺点，破坏人的形象。

1. 高瘦型

高瘦型体型是比较理想的身材，但容易产生眉目不清的感觉，缺乏丰满感，容易给人细长、单薄、头部小的感觉。高瘦身材的人比较适宜留长发、直发。发型设计要求生动饱满，避免将头发梳得紧贴头皮，或将头发搞得过分蓬松，造成头重脚轻的感觉。应避免将头发削剪得太短薄，或高盘于头顶上。头发长至下巴与锁骨之间较理想，且要使头发显得厚实、有分量。

2. 矮小型

矮小型体型的人给人一种小巧玲珑的感觉，在发型设计上应强调丰满与魅力，从整体比例上，应注意长度印象的建立，以秀气、精致为主，避免粗犷、蓬松，否则会使头部与整个形体的比例失调，给人产生大头小身体的感觉。身材矮小者不宜设计长发，因为长发会使头显得大，破坏人体比例的协调。烫发时应将花式、块面设计得小巧、精致一些。束发也有身材增高的错觉。

3. 高大型

高大型体型虽能给人一种力量美，女性拥有此体型往往缺少苗条、纤细的美感。为追求大方、健康、洒脱的美，适当减弱这种高大感，发型设计时应以大方、简洁为好。一般以直发为好，或者是大波浪卷发，头发不要太蓬松。设计的总原则要简洁、明快，线条流畅。

4. 短胖型

短胖型体型的人显得健康，要利用这一点造成一种有生气的健康美。在发型的设计上要强调整体发式向上，可选用有层次的短发、前额翻翘式等发型，避免过于蓬松或过宽。短胖者一般脖颈显短，因此不宜设计披肩长发，应尽可能让头发向高度发展，显露出脖颈以增加身体高度感。

七、发型在形象设计中的地位与作用

发型是形象设计的重要组成部分，是形象设计中最能表达主题的要素。它的表现不但能使整体形象感更加统一化、完美化，而且是人们精神生活中非常重要的生活形态，有不可替代的重要地位。有专家说形象设计要从"头"开始。发型变了，你的形象标志首先就改变。在中国封建社会，对头发的重视曾到了神秘化的程度，曾有"身体发肤，受之父母，不敢毁伤"之说，若毁伤便是大逆不道。古代由于等级制度森严，发型也有着等级之分，标志着人的身份和地位，就是在当今社会，发型依然能反映人的身份和地位。由于发型在形象设计中是富有诱惑性的外露部分，是一种象征，它表达出的特性是人心灵和行为的指向，具有很强的标向、指示作用，发型的变换有时会比发型本身更为重要，发型是人们改变自身形象、精神面貌的最直接方式，更是达到塑造自身新形象的一条捷径。

第二节　化妆设计

化妆作为一种历史悠久的美容技术，古代人们在面部和身上涂上各种颜色和油彩，表示神的化身，以此祛魔逐邪，并显示自己的地位和存在。如今，化妆则成为满足女性追求自身美的一种手段，其主要目的是利用化妆品并运用人工技巧来增加天然美。

一、化妆设计的概念与特点

1. 化妆设计的概念

化妆是指通过使用化妆品、材料和技术来修饰和美化或者改变人的容貌，实现个人对美的追求以及适应特殊场合的一种手段。化妆的妆型包括生活美容化妆、电影电视化妆、舞台演出化妆等。

① 生活美容化妆：是美化生活中个人的仪容，所以要求在真实、细致的基础上略加夸张，扬长避短增添神采，并不要求大幅度改变自己原来的面貌（图5-9）。

② 电影、电视、舞台演出妆：是以剧本中的人物为依据，结合戏剧中的典型环境和历史环境，运用化妆手段来帮助演员表现人物在特定环境中的典型特征，这类化妆包含了利用材料来改变演员本人的容貌（图5-10）。

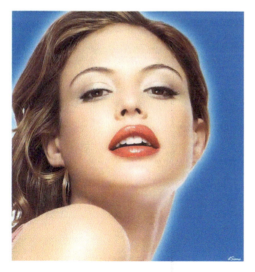
图5-9　生活美容化妆

图5-10　影视戏剧舞台化妆

根据化妆的含义，我们可以这样来理解化妆设计。

化妆设计是一门视觉艺术，它是运用绘画的手段，利用色彩原理调整形色，掩饰缺陷，给人造成一种视错觉。因此化妆设计需要一定的绘画功底，了解基本的色彩原理以及视觉心理学知识。

化妆设计是以一定的美学与心理学知识为基础，它是一种对美的挖掘与发现，它跟随时尚，取决于个人的审美观与自身修养，化妆是为了更美，不能仅仅局限在对五官的描画上，因此，化妆设计要结合时间、场合等综合因素，掌握一定的美学、服饰与发型等知识。

化妆设计是一项实际操作能力很强的技术，它运用材料和技术手段，采取合乎规则的步骤对人的头面部按一定标准或要求进行塑造，因此化妆设计师要掌握一定的技巧、有熟练的操作，懂得各种脸型、眉型与画法，了解国际流行色，以及如何选用化妆品等。

2. 化妆设计的特点

现实生活中的化妆设计是指生活美容化妆，它不同于电影、电视、舞台化妆设计，它服务于生活，更接近于生活，要求在真实、细致的基础上略加夸张，其主要有以下几个特点。

① 突出优点、掩饰缺点：设计时要认真研究五官，突出个人最具吸引力的部分令其更加动人，同时利用衬托产生视差，巧妙地弥补或掩盖不足的部分，以淡化、削弱他人的注意力。

② 弥补不足、整体协调：强调整体的效果，注重和谐一致，不是很明显的缺点，可运用色彩、线条等工具与手段加以掩盖，设计时要考虑与发型、服饰的关系，力求妆面统一，相互配合、左右对称、衔接自然、色调协调、风格情调一致，同时还要结合气质、性格、职业、年龄等特征，从而获得整体、完美的效果。

③ 因人、因时、因地而异：化妆时要客观地分析，强调个性特点，勿要单纯模仿，根据每个人的面部结构、肤色、肤质、年龄、气质等综合因素进行设计，并根据不同的时间、场合、条件、地区气候以及时尚等作相应的调整。

二、化妆设计的意义与作用

1. 化妆设计的意义

在化妆技术日益成熟的今天，化妆的意义已经不仅仅是古人所说的女为悦己者容，而是人们在现实的社会生活中对美好形象的追求。

① 自身美化的需要：在现实生活中，完美的人少之又少，人们总是具有这样或那样的缺点，出于对美好形象的追求，人们就利用化妆的方法来掩盖自身缺点，提升整体形象。

② 社会交往的需要：由于女性生活方式和观念的改变，社会交际日益频繁，女性通过合适的化妆，以恰当的服饰、发型相配，加之良好的个人修养、优雅的谈吐和端庄的仪态，可以充分表现个人的魅力。

③ 职业活动的需要：在职业活动中，根据特定的行业或组织对员工内外在形象的要求，依据自身特点，通过化妆可以把靓丽的容貌、文雅的举止、干练的形象展现在公众面前，同时将为自己赢得更出色的工作业绩。

④ 特殊职业的需要：演员、模特等根据工作和角色的需要，用化妆的手段改变人的外在形象，甚至通过改变人的外形进而改变人物的身份、性格等，使人物与剧情环境达到完美的统一。

2.化妆设计的作用

① 美化容貌：通过化妆，使优点更加突出，起到美化容貌、增添神采的作用。

② 弥补缺陷：完美无瑕的容貌不是每个人都具有的，通过后天的修饰来弥补先天的不足，使自己更具魅力。

③ 增强自信：化妆在增添魅力的同时，也增加了自信，精心装扮而信心十足的人，会为社会交往和社会生活增添更多的愉悦气氛。

三、化妆设计的美学原则

化妆设计要遵循以下的美学原则。

1.应注重整体美容效果

无论是面部皮肤，还是五官的化妆，都要与整体的形象美统一起来，使之协调一致。

2.应按职业、年龄、性格等特点及不同的时间、场合来化妆

由于每个人的脸型、眼睛、发型等都有一定差异，所以化妆要力求反映出独特的气质与风度。

3.讲究化妆手法与技巧

在化妆中力求柔和协调，尽量做到细施轻匀，既有形色渲染，又富于自然气息，使人难以看出明显的涂抹痕迹，特别是眼影、腮红等部位的涂染更要不留痕迹。

四、化妆的分类

1.按化妆的范围分类

为整体化妆、局部化妆和单点化妆。

整体化妆是指整个脸部的敷色调整，包括清洁、收敛、滋润、打底与定妆等，兼具护肤的功用；局部化妆是指眼、睫、眉、颊、唇等器官的细部化妆，包括画眼影、眼线、刷睫毛、涂鼻影、擦胭脂与抹唇膏等；单点化妆是指根据具体人的情况，在面部选择某一部位作适当的修饰，包括修眉、补唇彩等。

2.按妆面的色彩分类

分为淡妆、浓妆。

淡妆即淡雅的妆饰，是一种轻扑淡抹的化妆；较为强调自然的效果。作为现代女性，画淡妆是对人的一种尊重，也是一种礼仪。浓妆是相对淡妆而言的，通常指妆感较为浓重、效果较为夸张的化妆。

3.按化妆的目的分类

为净化、矫形、修补、生活和表演化妆。

净化化妆是指通过清洁、梳洗、整理来美化容貌的方法；矫形化妆是指运用绘画手段，利用色彩明暗层次变化使人产生错视或幻觉效应，巧妙掩饰缺陷的方法；修补化妆是指通过人为的方法来修饰和弥补面部缺陷或改变容貌的一种手段；生活化妆是指以美化生活为目的的个人化妆；表演化妆是指以剧情为依据，与特定环境相联系的超越人固有容貌的化妆方法。

此外，按妆型的特点可以分为以自然妆面为特点的生活妆，用于婚礼上的新娘妆，同时代流行的时尚妆，舞台表演的舞台妆，较为写实性的肖像妆，影视表演的影视妆，T台表演的T台妆，性格化装扮的性格妆，属前卫艺术的人体妆（人体彩绘）等。

五、化妆色的搭配

化妆设计中形的构思依赖于色彩，通常在一个妆型中会出现几种色彩，因此化妆设计既要考虑色彩是否符合搭配规律，又要考虑到色彩的情感。

① 色彩明度的搭配：是指运用色彩在明度上产生对比效果的搭配。明度高的颜色，感觉距离较近，会造成突出向前的感觉，具有扩散性；明度低的颜色，让人感觉后退深远，具有收缩性。强对比色彩间的反差大，能产生明显的凹凸效果；弱对比则淡雅含蓄，比较自然柔和。设计时，利用深浅不同的颜色，可使较平淡的五官显得醒目而具有立体感。

② 色彩纯度的搭配：是指由色彩纯度的区别而形成的对比效果。纯度越高，色彩越鲜艳，对比越强，呈现的妆面效果也就越鲜明艳丽；纯度越低，色彩越浅淡，对比就越弱，呈现的妆面效果则含蓄柔和。设计时，要分清色彩的主次关系，避免产生凌乱的妆面效果。

③ 同类色的搭配：是指在同一色相中，运用色彩的不同明度与纯度的对比形成的搭配。容易给人一种单纯、雅致、温和、安静之感，如果明度、纯度的变化小则显得平淡、模糊。设计时，适当调整色彩的明度和纯度，可使妆面效果显得和谐。

④ 邻近色的搭配：是指色相环中距离接近的色彩形成的对比效果。色调统一，搭配自然，视觉效果既变化又和谐。设计时，变化明度和纯度，可产生一定的对比美。

⑤ 类似色的搭配：是指色相环中距离在30度到45度的色彩形成的对比效果。避免了同类色的单调感，视觉效果和谐，对比柔和。设计时，色彩之间较为自然的调和，能产生一定的变化效果。

⑥ 对比色的搭配：是指色环中跨度大的色彩产生的对比效果，色彩在对比中分别显示着各自的力量，具有对立倾向，视觉效果醒目，具有冲击力。设计时，可降低其中一色的明度或纯度形成调和，也可利用强力对比产生炫目的效果。

⑦ 冷暖色的搭配：色彩的冷暖感觉是由某种颜色给予人的心理感受所产生的。暖色给人热情、华丽、甜美、外向感，容易使人兴奋，感觉温暖。冷色给人一种冷静、朴素、理智、内向感，使人安静平和，感觉清爽。设计时，暖色适宜在日妆、秋冬时运用，冷色则在晚妆、春夏时运用较多。冷色在暖色的衬托下会显得更加冷艳，暖色在冷色的衬托下会显得更加温暖。

六、化妆色与光色

色彩是由光线创造的，妆面之所以能给人以美感，除了形与色的作用外，光的作用也不容忽视。化妆色彩的效果是妆色与光色的融合，决定化妆设计视觉效果完美程度的是光色与妆色的正确搭配，因此，化妆时必须考虑光色对妆色的影响，以及对妆色产生的变化等。人们一般接受的光源有两种，即日光光源（以阳光为主，只是阴晴时分的强弱）和灯光光源（可分偏蓝调的日光灯与偏黄调的灯泡）。

1. 光色对妆色的影响

光色的冷暖对化妆效果的影响较为明显，因此，在进行化妆设计时，妆色的选择除了要依据色彩的搭配规律等因素外，还要依据光色。光色依据色相可以分成冷色光与暖色光，冷暖色光能使相同的妆色发生变化。当暖色光照在暖色的妆面上时，妆面的颜色变浅、变亮，效果比较柔和。当冷色光照在冷色的妆面上时，妆面的颜色则显得鲜艳、亮丽。当暖色光照在冷色妆面上，或是冷色光照在暖色妆面上，都会产生模糊、不明朗的妆型效果。

2. 光色对妆色产生的变化

灯光光源大多是有色光，有色光照射在人脸上会使肤色、妆色产生变化，有些颜色会变暗，有些颜色会消失，因此，在灯光光源下化妆或展示化妆效果时，妆色的选择要特别注意与光色的配合（图5-11）。

妆色	光色					
	日光	红色光	黄色光	绿色光	蓝色光	紫色光
红色	不变	消失或变淡	不变	变得非常暗	变暗	变淡
橙色	不变	淡化或消失	微微变淡	变暗	变得非常暗	淡化
黄色	不变	泛白	消失或泛白	变暗	暗绿	粉红
绿色	不变	变得非常暗	黄绿	浅绿色	淡化	浅蓝色
蓝色	不变	深灰	深灰	墨绿	浅蓝色	变暗
紫色	不变	变黑	接近黑色	接近黑色	浅紫色	苍白色

图5-11　光色对妆色产生的变化

3. 不同光色下的化妆要求

红色光能使妆色变浅，面型结构不突出，要利用阴影色突出轮廓，强调刻画五官结构，这样在红色光下妆面就不会显得平淡。蓝色光会使红色妆面变暗，用色一定要浅或是用偏冷的红色。黄色光可使妆色变浅，可用浓艳的妆色化妆。强光让所有的妆色变浅而且显得苍白，要特别强调五官的清晰度。弱光使妆面感觉模糊，要强调轮廓和面部线条的清晰。

4. 光的投射角度与妆色效果

视觉正前上方的光线是化妆的最佳光线，可使妆色、妆型显出应有的效果。顶光和脚光的照射对人自然凹陷部位会造成很深的阴影，化妆容易变形，妆色在阴影内也会变色，给人以恐怖感，应尽量避免在顶光和脚光下化妆或展示化妆效果。

七、面部五官的审美与特征

化妆审美的标准是面部的"三庭""五眼"及凹凸层次（图5-12）。

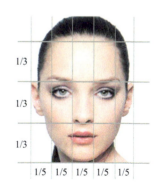

图5-12　化妆审美的标准

1. 三庭

三庭是指脸的长度比例，在面部正中作一条垂直的通过额部、鼻尖、人中、下巴的轴线；通过眉弓作一条水平线；通过鼻翼下缘作一条平行线。这样，两条平行线就将面部分成三个等分。从发际线到眉弓水平线，眉间到鼻翼下缘，鼻翼下缘到下巴尖，上中下恰好各占1/3，把脸的长度分为三个等分。

2. 五眼

五眼是指脸的宽度比例，以眼形长度为单位，从左侧发际至右侧发际，为五只眼形。两只眼睛之间有一只眼睛的间距，两眼外侧至侧发际各为一只眼睛的间距，各占比例的1/5，把脸的宽度分成五个等分。

3. 凹凸层次

面部的凹凸层次主要取决于面、颅骨和皮肤的脂肪层。当骨骼小、转折角度大、脂肪层厚时，凹凸结构就不明显，层次也不很分明。当骨骼大、转折角度小、脂肪层薄时，凹凸结构明显，层次分明。面部的凹面包括眼窝即眼球与眉骨之间的凹面、眼球与鼻梁之间的凹面、鼻梁两侧、颧弓下陷、颏沟和人中沟；面部的凸面包括额、眉骨、鼻梁、颧骨、下颏和下颌骨。凹凸结构过于明显时，则显得棱角分明，缺少女性的柔和感。凹凸结构不明显时，则显得不够生动甚至有肿胀感。因此，化妆时要用色彩的明暗来调整面部的凹凸层次。

八、化妆工具与化妆品

化妆工具与化妆品是完成化妆设计的基础条件，二者相辅相成，缺一不可，在化妆实际操作中它们具有同等重要的地位（图5-13）。

图5-13　化妆工具与化妆品

1. 化妆工具

有粉扑、套刷（定妆刷、轮廓刷、眼影刷、腮红刷、唇彩刷、眉刷等，一般为18支）、眉笔、眼线笔、唇线笔、假睫毛、睫毛刷、睫毛夹、睫毛胶、眉夹、眉剪、修眉刀、化妆纸、化妆棉、海绵扑等。

2. 专业化妆品

有粉底（分为液体、膏状、粉条和遮瑕粉底）、定妆散粉（分为透明、彩色修容和添加珠光成分的散粉）、腮红（分为膏状、粉状、液状腮红）、干湿两用粉饼、眼影（分为粉状、膏状眼影，又分为亚光、水溶、珠光等眼影）、双色修容饼、眉影粉、眼线膏、睫毛膏、盖斑膏、珠光散粉、唇彩、口红、卸妆液等。

九、化妆设计的程序

化妆设计是对面部的整体美化与修饰，也需依一定的程序进行，才能根据需要设计出既符合人物特点又风格各异的妆型（图5-14）。

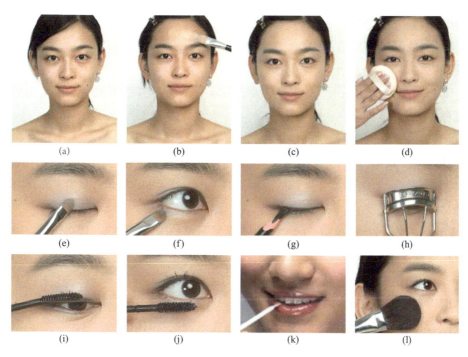

图5-14 化妆的程序

1. 观察与交流

认真观察分析设计对象面部五官的特征和比例关系，找出优缺点，并通过语言交流去进一步了解工作、爱好、审美品位等更多的信息，为化妆的实际操作做好铺垫。

2. 清洁面部

采用适合设计对象肤质的冷霜和洗面奶清除皮肤表面污垢。

3. 涂润肤霜

先涂上爽肤水或化妆水，使皮肤免除干燥，并使妆面服帖，不易脱落，再涂抹润肤霜。

4. 粉底选择

均匀的粉底是完美化妆的基础。选择与肤色相近的粉底，才不会让脸部与脖颈肤色反差太大。把粉底倒在手背上，用手指轻轻推匀加温。温热的粉底很易于在脸上推匀。

5. 涂粉底

先使用隔离霜，再用粉底霜，以防肌肤受到伤害。

6. 定妆

用定妆粉将全脸做定妆，是保证妆面干净持久的关键。

7. 画眉毛

画眉毛前，先用眉刷清洁一下，刷掉刚刚沾到的粉底霜和散粉。如果眉毛杂乱无形，最好修拔一番。用眉笔描绘完形状后，再用刷子刷匀。

8. 画眼影

眼影位置的高低要根据上眼睑至眉毛的距离来确定，不同的眼影色之间衔接要自然。

9. 画眼线
眼线描绘的色调与浓淡需视场合而定，切勿以手指碰触描好的眼线。
10. 刷睫毛
刷睫毛时，程序为先上后下。如果有必要装假睫毛，则应先装上假睫毛，然后再刷睫毛膏。
11. 画鼻影
鼻影最为关键的是范围的控制与色彩的选择。
12. 涂腮红
要以颧骨为中心，将腮红涂于脸部的侧面，选用比肤色深一点颜色较适宜工作场合。
13. 涂口红
用唇笔勾勒出适合设计对象的唇型，根据肤色或妆型选出适合的口红进行涂抹。
14. 脖颈与面部的衔接
脖颈与面部肤色要做好衔接，不能出现太大的反差。
15. 全面检查
化妆完成后，全面仔细察看妆面的效果，以便发现问题及时修补。

第三节　服饰设计

形象设计是以人为本的一个整体的系统工程，集发型、化妆、服装服饰等为一体的综合艺术。在社会交往中人们对交往对象第一印象的评价，总是借助于他人个性中最为突出、直观、最富表象特征的服装服饰来完成的。服装服饰不仅是穿着者艺术品位与审美情趣的表现，同时也反映出穿着者的心理情绪与性格特点。不论是因人而异的形象设计，还是因时而异的形象设计，都离不开服装服饰与发型、妆型的相互衬托。

形象设计中谈的服饰设计是指穿着与搭配的动态服饰效果，是对服饰的再设计，是形象设计师对所选择服饰的理解与感受，加上设计对象的气质、个性、文化修养和艺术品位等方面的渗入，这时的服饰被赋予了新的含义，不仅具有生命力和人性意识，而且具有更强的表现力和目的性。

一、服装设计的概念

服装是织物和人体的结合，是人着装后的一种状态，由穿着者、衣服饰物和着装方式三个基本因素构成。它有一个如何制作如何裁剪的问题，又有一个如何穿戴方式方法的问题。这三个因素中，任何一个因素的变化，都会形成不同的着装状态。同一个人，穿着不同的衣服会有不同的着装效果，而同样的衣服，穿在不同的人身上也会有不同的效果。

1. 服装的概念
服装是对所有穿戴的总称。广义的服装是指人类穿戴、装扮自己的行为，是人着装后的一种状态。狭义的服装是指"衣裳""衣服"，也是"成衣"的同义语，是大众最易接受的服装概念。

2.服饰的概念

服饰是指人身上由内到外、由上到下的服装及与之相配套的装饰品。

3.那么服装设计是指什么呢？

服装设计是指人着装后的一种状态的设计。是以人体体形特征为依据，运用一定的思维形式、美学规律和设计程序，将其设计构思以绘画的手段表现出来，并选择适当的材料，通过相应的裁剪和缝制，使其进一步实物化来完成整个着装状态的创造性行为。与其他设计一样，服装设计离不开功能、材料和技法的统一。

二、服装的分类

服装的种类很多，由于服装的基本形态、品种、用途、制作方法、原材料的不同，各类服装亦表现出不同的风格与特色，变化万千，十分丰富。不同的分类方法，导致对服装的称谓也不同。目前，大致有以下几种分类方法。

1.根据服装的基本形态分类

① 体形型：体形型服装是符合人体形状、结构的服装，这类服装的一般穿着形式分为上装与下装两部分。上装与人体胸围、脖颈、手臂的形态相适应；下装则符合于腰、臀、腿的形状，以裤型、裙型为主。裁剪、缝制较为严谨，注重服装的轮廓造型和整体效果。如西服多为体形型。

② 样式型：样式型服装是以宽松、舒展的形式将衣料覆盖在人体上，这种服装不拘泥于人体的形态，较为自由随意，裁剪与缝制工艺以简单的平面效果为主。

③ 混合型：混合型结构的服装是体形型和样式型综合、混合的形式，兼有两者的特点，裁剪采用简单的平面结构，但以人体为中心，基本的形态为长方形，如中国旗袍、日本和服等。

2.根据服装的穿着组合分类

① 整件装：上下两部分相连的服装，如连衣裙等因上装与下装相连，服装整体形态感强。

② 套装：上衣与下装分开的衣着形式，有两件套、三件套、四件套。

③ 外套：穿在衣服最外层，有大衣、风衣、披风等。

④ 背心：上半身的无袖服装，通常短至腰、臀之间，为略贴身的造型。

⑤ 裙：遮盖下半身用的服装，有一步裙、A字裙、裙裤等。

⑥ 裤：从腰部向下至臀部后分为裤腿的衣着形式，穿着行动方便，有长裤、短裤、中裤等。

3.根据服装的用途分类

分为内衣和外衣两大类。内衣紧贴人体，起护体、保暖、整形的作用；外衣则由于穿着场所不同，用途各异，品种类别很多，可分为：社交服、日常服、职业服、运动服、室内服、舞台服等。

4.根据服装面料与制作工艺分类

按面料分有纯棉、混纺、裘皮、羽绒等服装，按制作工艺分有针织、梭织服装。

5.其他分类方式

除上述一些分类方式外，还有些服装是根据性别（男装、女装）、年龄（婴儿服、儿童服、成人服)、民族(如汉族服装、藏族服装、墨西哥服装、印第安服装等)等方面的区别对服装进行分类。

三、服装设计三要素

服装的款式、色彩和面料是服装设计的三大基本要素,是设计师必须掌握的基础知识。对款式、色彩、面料基础知识的掌握和运用在一定程度上能反映出一个设计师的审美情趣、品位和艺术功底(图5-15)。

1.服装的款式

款式是服装的外部轮廓造型和部件细节造型,是设计变化的基础。外部轮廓造型由服装的长度和纬度构成,包括腰线、衣裙长度、肩部宽窄、下摆松度等要素。最常见的轮廓造型有"A"型、"X"型、"T"型、"H"型、"O"型等。服装的外部轮廓造型形成了服装的线条,并直接决定了款式的流行与否。部件细节的造型是指领型、袖型、口袋、裁剪结构甚至衣褶、拉链、扣子的设计。

图5-15　服装设计要素

2.服装的色彩

色彩变化是设计中最醒目的部分。服装的色彩最容易表达设计情感,同时易于被消费者接受。火热的红、爽朗的黄、沉静的蓝、圣洁的白、平实的灰、坚硬的黑,服装的每一种色彩都有着丰富的情感表征,给人以丰富的内涵联想。除此之外,色彩还有轻重、强弱、冷暖和软硬等心理感受,当然,色彩还可以让我们在味觉和嗅觉上浮想联翩。

3.服装的面料

熟练掌握和运用服装面料特质是设计师应具备的重要条件,设计师首先要体会面料的厚薄、软硬、光滑粗涩、立体平滑之间的差异,通过面料不同的悬垂感、光泽感、清透感、厚重感和不同的弹力等,来悉心体会其间风格和品牌的迥异,并在设计中加以灵活运用。不同质地、肌理的面料完美搭配,更能显现设计师的艺术功底和品位。服装款式上的各种造型并不仅仅表现在设计图纸上,而是用各种不同的面料和裁剪技术共同达成的,因此,设计师熟练地掌握和运用面料才会更加得心应手。

四、服装设计的特性

1.服装设计与人体的关系

服装是以人体为基础进行造型的,通常被人们称为是"人的第二层皮肤"。服装设计要依赖人体穿着和展示才能得到完成,同时设计还要受到人体结构的限制,纵然服装款式千变万化,但最终还要受到人体的局限。不同地区、不同年龄、不同性别的人、体态骨骼也不尽相同,服装在人体运动状态和静止状态中的形态应有所区别,在满足实用功能的基础上应密切结合人体的形态特征，利用外形设计和内在结构的设计强调人体优美造型，扬长避短，充分体现人体美，展示服装与人体完美结合的整体魅力。服装设计的起点应该是人，终点仍然是人，人是服装设计紧紧围绕的核心。因此只有深切地观察、分析、了解人体的结构以及人体在运动中的特征，才能利用各种艺术和技术手段使服装艺术得到充分的发挥。

2.服装设计与政治经济的关系

社会政治的变化与社会经济的发展程度直接影响到这个时期内人们的着装心理与方式，往往能够形成一个时代的着装特征。经济的发展刺激了人们的消费欲望和购买能力，使服装的需求市场日益扩大，从而促使了服装设计推陈出新，新鲜的设计层出不穷。市场的需求也促进了生产水平与科技水平的发展，艺术创作通过工业制造将其成果转化为文化传播的渠道，新型服装材料的开发以及制作工艺的发展，大大增强了服装设计的表现活力。发达的经济和开放的政治使人们着意于服饰的精美华丽与多样化的风格。

3.服装设计与社会心理的关系

服装既要展示个性、表现自我，又要得到社会的认可。心理学者认为一切合乎社会道德的行为都是因他人的态度，即透过观察别人对他人行为的反应，而产生对自己的看法。时髦的矛盾就在于每个人试图与人不同，又试图与人相同。服装设计要恰当地把握这种心态，以适应人们个性和社会心理的需求。

4.服装设计与文化及艺术的关系

在不同的文化背景下人们形成了各自独特的社会心态，这种心态对于服装的影响是巨大而无所不在的。东西方民族各自不同的历史文化和生活习俗，带来东西方在服饰上的差异。东方的服装较为保守、含蓄、严谨、雅致，而西方的服装则追求创新、奔放、大胆、随意。此外各类艺术思潮也对服装产生了巨大影响。例如20世纪初以来抽象派的构成主义，90年代前卫派的立方主义，或是回归自然、复古主义等艺术流派和艺术思潮，都明显地或不被觉察地影响了服装的变化而形成了流行的趋向。

五、服装造型与结构设计

1.结构设计是款式设计的一部分

服装的各种造型其实就是通过裁剪和尺寸本身的变化来完成的。如果不懂面料、结构和裁剪，设计只能是"纸上谈兵"。不懂纸样和结构变化，设计就会不合理、不成熟，甚至无法实现。结构设计直接决定了服装的造型和整体效果。许多服装设计大师都是直接从服装的裁剪和结构入手，并把这些作为十分重要的设计语言，仔细研究他们的作品可以看出，服装的结构设计甚富内涵、表现力独特，其深沉、含蓄而又不张扬的风格非常值得细细品味。

2.缝制是服装成型的关键

缝制的方式和效果本身也是设计的一部分，不同的缝制方式能产生不同的外观效果，甚至是特别的肌理效果。有的设计师借助"缝纫效果"作为设计语言来尝试新的视觉表达，这种手法在服装设计中非常普及，这就要求设计师要熟知服装的各种加工设备及服装缝制专用机械，了解针织、梭织的加工工艺，才能在设计中运用得得心应手。

六、服装款式的选择

人的形体各有长短,现实中难以寻觅天生完美无缺的人,一个人体型上或多或少的缺憾,完全可以通过服装款式的选择来扬其所长、避其所短。

1. 不同体型的款式选择

① 标准型:西方女性理想身高为170cm,东方女性为162cm。颈部、肩膀、躯干、胸部、腰部、臀部、大腿、臀边肉和小腿等每个部位都成匀称而完美的比例,这种体型的人选择衣服的范围很宽,基本上什么服装都适合穿。

② 葫芦型:身材就像葫芦一样,胸部、臀部丰满圆滑,腰部纤细,曲线玲珑,十分性感。这种体型的人适合穿低领、紧腰身的窄裙,或"A"型裙,质料以柔软贴身为佳。

③ 运动员型:身材苗条、胸部中等或较小、臀部瘦削扁平,没有腹部及大腿边的赘肉。这种体型,适合穿舒适飘逸的罩衫、宽松的西服或打褶裙。

④ 梨子型:上身肩部、胸部瘦小,下身腹部、臀部肥大,形状就像梨子。由于腹部肥大的关系,往往形成腰线偏高,显得上身较短。这种体型穿宽松的西装或伞状服装比较适合,目的在于避免腰部引起别人的注意。

⑤ 腿袋型:臀部和大腿边有许多赘肉,看上去就像在大腿旁边挂上了两个袋子一样。这种体型的人绝对不适宜穿紧身裤,应穿式样比较简单的打褶裙或长裤,尽量选择较深的颜色。

⑥ 娇小型:身高在155cm以下的娇小型,最佳穿着是整洁、简明,从头到脚穿同色系或素色的衣服,显得轻松自然。

2. 局部形体不完美的款式选择

① 胸部平坦偏小的人:可以多利用服装的图案、皱褶、蝴蝶结、花边等复杂的装饰使胸部变得丰满,也可以穿宽松的上衣来加强身体的膨胀感,避免穿着低胸、紧身服装,可多利用丝巾来掩饰胸部。

② 臀部过于丰满或宽大的人:不宜穿过紧的筒裤,裤子的肥瘦一定要适中,不要选择百褶裙、碎褶裙、紧身式裙子。上衣的长度以盖过臀部为好。颜色的选择上,上衣采用明亮色调,下部选用收缩感强的颜色。

③ 臀部扁平或较窄的人:选择腰部多皱褶的裤子和裙子,可使用腰带使腰与臀部的界限明显,或在臀部设计装饰物,如兜袋类。避免穿紧身裙和直筒裤。

④ 腰围粗的人:不应将衬衫或紧身毛衣等扎入裙子或长裤内,不使用腰带,不穿带皱褶的裙子和裤子,减少腰部的装饰物。相反,腰围细的人可以用腰带来突出腰部,还可以在腰部多做装饰点缀,使腰部给人以丰满的感觉。

⑤ 腿粗的人:不适合穿紧身裤、短裤、宽而短的裙裤,穿宽松的裤子、直筒裙均能掩饰此缺点。小腿过粗的人,最简单的遮掩法是穿着长裤,若穿裙子应穿长裙,裙子的长度最好不要在小腿最粗处,应比小腿最粗处长1~2cm为宜。

⑥ 腹部突出的人:多利用层叠搭配的原理,如在衬衫或毛衣外加一件背心、上衣,让视线有层次感,也可利用配件转移他人的注意力,多在胸以上的部位做装饰,如在脖颈上系丝巾,在胸前佩戴胸针等。避免穿连体的连衣裙和紧身的服装。

⑦ 身材高大且胖的人:应尽量选择纵向、有条纹图案的面料,服装本身不宜采用过多的装

饰物。佩戴饰物不宜杂乱无章，应集中于一点，给人以强烈的印象。

⑧ 身材高且瘦的人：能够穿着的服装款式较多。太瘦的人不应穿紧身衣服和束宽腰带。

⑨ 身材矮小且胖的人：较适合明快的服装色彩，选择小到中等的图案为最佳，避免穿着有繁杂装饰的服装。服装面料应选用薄厚适中给人以轻快感的材料，还要避免披大图案的围巾。

⑩ 身材矮小且瘦的人：应穿比较活泼清秀的服饰，选用明快的服装色彩，要避免分割类图案，最好穿比较密集的小图案。若想显得比实际身高稍高，应将着装的重点放在使腿部如何显得修长的服装上。

七、服饰色彩的搭配

服饰之美，是服饰色彩及各种其他因素形成有机的整体来构成的。服饰经穿着后，便会出现着装状态。构成着装状态的因素有宏观的因素，如着装者的肤色、职业、环境、化妆、穿戴方式和言行举止等；也有微观的因素，如服饰的造型、肌理、纹饰等，只有将这两大因素调整到最佳结合点上，服饰色彩才会表现出很强的美感。有时很平常的色彩，会因与其他色彩搭配而达到意想不到的效果，因此，服饰色彩的搭配在形象设计中具有较为重要的地位。服饰色彩搭配的方法有以下几种。

1. 色彩统一法

服饰色彩搭配中的统一法，是指决定整体服饰色彩总特征或是总倾向的色调统一，从整体入手，可以将主色调（大面积色）为基调色，依照顺序，由大至小，一一配色，即先决定服装色的基调，再决定要采用的帽色、鞋色、袜色、提包色等。从局部入手，可以将局部色或色量小的色为基础色，再研究整体的大面积色的搭配，从饰件入手的搭配，一定要有整体统一的观念。服饰色彩的色调统一法搭配，对小面积的饰物色彩也极为重视。饰物既是身外之物，也是日常随身之物，如雨伞、背包、手杖、手帕等饰物，似乎可有可无，当饰物与服装建立直接关系时，就与服装构成了统一的服饰整体形象（图5-16）。

图5-16　色彩统一法搭配

2. 色彩衬托法

在服饰色彩搭配中，衬托法就是以色彩的衬托来美化服饰，以达到主题突出、宾主分明、层次丰富的艺术效果。具体而言，它有点、线、面的衬托，长短、大小的衬托，结构分割的衬托，冷暖、明暗的衬托，边缘主次的衬托，动与静的衬托，简与繁的衬托，内浅、外深的衬托，上浅、下深的衬托等。这种在对比组合中显示出的秩序与节奏，使服饰形象显示出一种生动、活泼的色彩美（图5-17）。

图5-17　色彩衬托法搭配

3. 色彩呼应法

呼应法也是服饰色彩搭配中，具有较强艺术效果的一种方法。色彩搭配上有上下呼应、内外呼应等。任何色彩在服饰搭配上最好不要孤立出现，需要有同种色或同类色块与其呼应。色彩的呼应法能使人感到既和谐又活泼，更能在呼应的作用下形成统一的整体服饰形象。

4. 色彩点缀法

服饰色彩搭配中的点缀至关重要，往往起着画龙点睛的作用。如在素净的冷色调中，点缀暖色调，使色彩显得高雅而有生气。一般来说，点缀之色，面积不大，但与大面积色调往往是对比之色，起到一种强调与点睛之笔的效果，这种配色法能使服饰形象显得文雅又庄重。

5. 色彩调和法

服饰色彩搭配中的调和法，就是运用色彩间微妙的联结作用，使对比或强烈的色彩调和起来。在色彩对比与和谐关系上，色与色之间的缓冲过渡与衔接非常重要，色彩和谐的服饰形象，会使人产生良好的心理效应。

八、饰品的种类与选择

饰品在形象设计中起着重要的装饰点缀作用，它不仅可以遮掩身体、服装、发型的不足，还对整体形象的表现具有衬托、配合甚至画龙点睛的作用。

1. 饰品的种类

实际生活中与形象有直接联系的饰品琳琅满目、五花八门，归结起来大致分为首饰、衣饰和携带物三类（图5-18）。

图5-18 饰品的种类

① 首饰：首饰泛指全身的小型装饰品，它们在人们的衣装躯体中起着画龙点睛的作用。如发卡、耳环、项链、脚链、手镯、戒指、胸花等。首饰可分为两大类：一类是不受流行影响的保值首饰，另一类是着重款式新颖和变化的时装首饰。

② 衣饰：衣饰与服装配套，可以达到形美、色美、意美的境界，帽子、鞋子、围巾和手套是主要的衣饰。

③ 携带物：携带物指随身常用的物品，如包、伞、扇子、眼镜等。它们既是身外之物，也是日常随身之物，可有可无，如随身携带就要同服饰形象联系起来考虑。

2. 饰品的选择

饰品选择要遵循形式美法则（调和、平衡、韵律等）和"TPO"原则（时间、地点、场合），也要与自身的发型、妆型、服型以及个性特点、气质风度等各种因素相适宜。从服饰礼仪的角度上讲，除特殊场合外，一般场合身上的饰物最好不要超过三种。

① 首饰的选择：首饰的选择要与人物的身份相适宜，表现出每个人不同的气质和风度，并遵从约定的习俗。每个人的自身条件、个性都是不同的，只有根据环境和场合等特定情况进行协调，才能在佩戴首饰时最大限度地散发出自己独特的魅力。首饰不仅要佩戴得舒服，而且也需要突出个性和增添趣味性。因此，材质的风格、颜色的倾向、肌理的效果都是选择首饰的标准。从造型的角度选择，最好是穿什么风格的服装配什么风格的首饰；从色彩的角度选择，要特别注意色彩上的呼应和配套，并根据不同场合、不同环境、不同服装来进行搭配，但色彩不宜过多过杂；从质地的角度选择，原则上是穿什么质地的服装配什么质感的首饰。

② 衣饰的选择：衣饰表面上不是什么重要的装备，却在细节上反映了你的着装水准。帽子的选择应从服装、脸型和身材等的配合上考虑，还要考虑帽子的材料、色彩是否调和，帽子和其他服饰是否调和；腰饰的选择要与衣着形成统一的风格和个性，或增添活跃感，或表现出飘逸的体态，或令人感到精神干练，或显得自然朴实，常常一件很普通、平凡的衣服，用了一条恰到好处的腰带来搭配，可以产生气质上不凡效果；围巾的选择要与服装的花色和风格相协调，并能烘托出服饰的风格和人的气质，围巾最重要的特色是色彩和图案；鞋子的选择应与服装相协调，鞋子的颜色一定要比衣服的颜色深，这样会有整体感，鞋虽在下，但对形象设计来说是极其重要的一个因素，一双适宜的鞋子会使身姿更挺拔、健美，使服装更显光彩，使人足下生辉、精神焕发；手套的装饰效果也很强烈，是极其突出高贵气质的饰物。

③ 携带物的选择：在讲究整体效果、重装饰的今天，携带物远远超出了它的实用价值。例如，包的选择在现代服饰的观念上，具有画龙点睛的妙用，尤其重要的是，它可以依不同的时间、年龄、身份、场合，而加以变换，包作为服饰配套的一个重要组成部分，逐渐开始扮演着越来越重要的角色，点缀着多彩的服装。

第四节 仪态塑造

仪态即人的举止和姿态。中国古代形容不可言喻的形体美，只用一个"态"字。"态"是什么？是优雅、自然、生动的姿态和动作，是风度、气质的表现，是一种美的形体语言！毫无疑问，仪态就是形象的一部分，它无时无刻、无声无息、如影随形地通过端庄、大方的站姿、坐姿，自信的走路姿态，优美的手势语言，展现着人们的气质与风度。在现代多变的社交场合，人们的言谈举止、仪表礼仪都有一定的规范，这是人的外在形象的又一表现形式。

不同国家、不同民族，以及不同的社会历史背景，对不同阶层、不同群体的仪态都有不同标准或不同要求。现代仪态的塑造有四个标准：一是仪态文明，要求仪态要显得有修养，讲礼貌，不应在异性和他人面前有粗野行为动作；二是仪态自然，要求仪态既要规则庄重，又要表现得大方实在，不能虚张声势、装腔作势；三是仪态美观，这是高层次的要求，它要求仪态要优雅脱俗，美观耐看，能给人留下美好的印象；四是仪态敬人，要求不能有失敬于人的仪态，要通过良好的仪态来体现敬人之意。

仪态塑造的意义是外塑形象，内强素质。

① 仪态是胜过有声语言的形体语言，主要指人体的动作、举止。世界著名绘画大师达·芬奇说："从体态知觉人的内心世界，把握人的本来面目，往往具有相当的准确性和可靠性。"
② 仪态的礼仪功能表达简洁、生动、真实、形象、自然。
③ 仪态塑造的目的是为了打造美好的高素质的职业形象。
④ 仪态的构成包括礼仪、身体姿态、表情、手势等。

一、礼仪概述

我国素有"礼仪之邦"的美誉。数千年对文明的不懈追求，形成了丰富多彩的东方文化和礼仪。

礼仪是人们步入文明社会的通行证。人类的活动不但受到自然规律的影响和制约，而且还受到社会规律以及由社会规律决定的各种社会规范的影响和制约。在这些社会规范中，除了道德规范和社会规范以外，还有一个很重要的方面，这就是礼仪规范。礼仪，作为在人类历史发展中逐渐形成并积淀下来的一种文化，始终以某种精神的约束力支配着每个人的行为，从一个人对它的适应和掌握的程度，可以看出他的文明与教养的程度。因此，礼仪是人类文明进步的重要标志。

1. 礼仪的概念

礼是人对于自然和社会的态度；仪是礼的样式，是体现礼的行为和表现。"礼仪"原意是"法庭上的通行证"，在我国很早就被作为典章制度和道德教化使用。在古汉语中，"礼"主要包含三层意思：一是礼节仪式，二是表示尊敬和礼貌，三是礼物（赠送的物品）；"仪"既指容貌和外表，又指礼节和仪式。

所谓礼仪，从广义上讲，指的是一个时代的典章制度；从狭义上讲，指的是人们在社会交往中由于受历史传统、风俗习惯、宗教信仰、时代潮流等因素的影响而形成，既为人们所认同，又为人们所遵守，以建立和谐关系为目的的各种符合礼的精神、要求的行为准则或规范的总和。

2. 礼仪的作用与意义

礼仪是一种行为准则或规范。礼仪表现为一定的章法。所谓"入乡随俗，入境问禁"，就是说你要进入某一地域，你就要对那里的人的习俗和行为规范有所了解，并按照这样的习俗和规范去行动，这才是有礼的。礼仪与胡作非为是水火不相容的。

礼仪准则或规范是一定社会的人们约定俗成、共同认可的。在社会实践中，礼仪往往首先表现为一些不成文的规矩、习惯，然后才逐渐上升为大家认可的，可以用语言、文字、动作来做准确描述和规定的行为准则，并成为人们有章可循、可以自觉学习和遵守的行为规范。

讲究礼仪的目的是为了实现社会交往各方的互相尊重，从而达到人与人之间关系的和谐。在现代社会，礼仪可以有效地展现施礼者和受礼者的教养、风度与魅力，它体现着一个人对他人和社会的认知水平、尊重程度，是一个人的学识、修养和价值的外在表现。一个人只有在尊重他人的前提下，自己才会被他人尊重，人与人之间的和谐关系，也只有在这种互相尊重的过程中，才会逐步建立起来。

所以，从某种意义上可以说，遵守礼仪是人获得自由的重要手段和途径之一。

3. 礼仪的表现形式

现代社交礼仪泛指人们在社会交往活动过程中形成的应共同遵守的行为规范和准则。具体表现为礼节、礼貌、仪式、仪表等。

礼节即礼仪节度。礼本义谓敬神，后引申为敬意的通称。《礼记·儒行》："礼节者，仁之貌也。"礼节指人们在社会交往过程中表示致意、问候、祝愿等惯用形式。

礼貌指人们在相互交往过程中表示敬重、友好的行为规范。

仪式泛指在一定场合举行的具有专门程序、规范化的活动。《说文解字》说："仪，度也。"本义指法度、准则、典范，后引申为礼节、仪式。

仪表指人的外表，包括容貌、服饰、姿态、举止等方面。

总之，现代社交礼仪是现代人们用以沟通思想、联络感情、促进了解的一种行为规范，是现代交际中不可缺少的润滑剂。

二、体态塑造

体态又称举止，是指人的行为动作和表情，日常生活中的站、坐、走的姿态，一举手一投足，一颦一笑都可以称为举止。体态是内涵极为丰富的身体语言。优美而典雅的造型，是优雅举止的基础，举止的高雅得体与否，直接反映出人的内在素养，举止的规范到位与否，直接影响他人的印象和评价。行为举止是心灵的外衣，它不仅反映一个人的外表，也可以反映一个人的品格和精神气质。

1. 站姿

站姿是人们生活交往中的一种最基本的举止，是人体静态造型的动作，男士要求"站如松"，刚毅洒脱，女士则应秀雅优美，亭亭玉立。

① 标准的站姿：从正面看，全身笔直，精神饱满，两眼正视（而不是斜视），两肩平齐，

两臂自然下垂，两脚跟并拢，两脚尖张开60度，身体重心落于两腿正中；从侧面看，两眼平视，下颌微收，挺胸收腹，腰背挺直，手中指贴裤缝，整个身体庄重挺拔（图5-19）。

② 站姿的要领：一要平，即头平正、双肩平、两眼平视。二是直，即腰直、腿直，后脑勺、背、臀、脚后跟成一条直线。三是高，即重心上拔，看起来显得高。

③ 不同场合的站姿：在升国旗、奏国歌、接受奖品、接受接见、致悼词等庄严的仪式场合，应采取严格的标准站姿，而且神情要严肃；在发表演说、新闻发言、作报告宣传时，为了减少身体对腿的压力，减轻由于较长时间站立双腿的疲倦，可以用双手支撑在讲台上，两腿轮流放松；主持文艺活动、联欢会时，可以将双腿并拢站立，女士甚至站成"丁"字步，让站立姿势更加优美，站"丁"字步时，上体前倾，腰背挺直，臀微翘，双腿叠合，玉立于众人间，富于女性魅力；门迎、侍应人员往往站的时间很长，双腿可以平分站立，双腿分开不宜超过肩，双手可以交叉或前握垂放于腹前，也可以背后交叉，右手放到左手的掌心上，但要注意收腹；礼仪小姐的站立，要比门迎、侍应人员更趋于艺术化，一般可采取立正的姿势或"丁"字步，如双手端执物品时，上手臂应靠近身体两侧，但不必夹紧，下颌微收，面含微笑，给人以优美亲切的感觉。

2. 坐姿

坐是日常行为举止的主要内容之一，作为一种举止，有着美与丑、优雅与粗俗之分，坐姿要求"坐如钟"，指人的坐姿像座钟般端直，当然这里的端直指上体的端直，优美的坐姿让人觉得安详、舒适、端正、舒展大方。

① 标准的坐姿：首先站好，全身保持站立的标准姿态，两腿平行于椅子前面，弯曲双膝，挺直腰背坐下。落座时声音要轻，动作要缓，落座过程中，腰、腿肌肉要稍有紧张感。坐立时，上身正直而稍向前倾，头、肩平正，两臂贴身下垂，两手可随意摆放在大腿上，两腿外沿间距与肩宽大致相等，两脚平行自然着地。人在坐立时，由臀部支撑上身，减少了两腿的承受力，因此坐姿是一种可以维持较长时间的姿势。它既是一种主要的白昼休息姿势，也是一般的工作、劳动、学习姿势，还是社交、娱乐的常见姿势。正因为这个缘故，坐姿要求端正、大方、舒展（图5-20）。

图5-19　标准的站姿　　　　　　　图5-20　标准的坐姿

② 不同场合的坐姿：谈判、会谈时，场合一般比较严肃，适合正襟微坐，但不要过于僵硬，要上体正直，端坐于椅子中部，注意不要使全身的重量只落于臀部，双手放在桌上、腿上均可，双脚为标准坐姿的摆放；倾听他人教导、知识传授、指点时，对方是长者、尊者、贵客，

坐姿除了要端正外，还应坐在座椅、沙发的前半部或边缘，身体稍向前倾，表现出一种谦虚、迎合、重视对方的态度；在比较轻松、随便的非正式场合，可以坐得轻松、自然一些。全身肌肉可适当放松，可不时变换坐姿，以休息。

3. 走姿

走姿又称步态。走姿要求"行如风"，是指人行走时如风行水上，有一种轻快自然的美。人们走路的样子千姿百态各不相同，给人的感觉也有很大的差别。

① 标准的走姿：走姿的基本要求应是从容、平稳的，应走出直线。上身基本保持站立的标准姿势，挺胸收腹，腰背笔直，两臂以身体为中心，前后自然摆动，前摆约35度，后摆约15度，手掌朝向身体，起步时身子稍向前倾，重心落在前脚掌，膝盖伸直，脚尖向正前方伸出，行走时双脚踩在一条线上，上体的稳定与下肢的频繁规律运动形成对比和谐，干净利落、鲜明均匀的脚步形成节奏感，前后、左右行走动作的平衡对称，都会呈现出走姿的形式美（图5-21）。

图5-21　标准的走姿

② 不同场合的走姿：参加喜庆活动，步态应轻盈、欢快、有跳跃感，以反映喜悦的心情；参加吊丧活动，步态要缓慢、沉重、有忧伤感，以反映悲哀的情绪；参观展览、探望病人，环境安谧，不宜出声响，脚步应轻柔；进入办公场所、登门拜访，在室内这种特殊场所，脚步应轻而稳；走入会场、走向话筒、迎向宾客，步伐要稳健、大方、充满热情；举行婚礼、迎接外宾等重大正式场合，脚步要稳健，节奏稍缓；办事联络、往来于各部门之间，步伐要快捷又稳重，以体现办事者的效率、干练；陪同来宾参观，要照顾来宾行走速度，并善于引路。

4. 手势

手势是人们交往时不可缺少的动作，是最有表现力的一种体态语言，俗话说："心有所思，手有所指"。手的魅力并不亚于眼睛，甚至可以说手就是人的第二双眼睛。手势表现的含义非常丰富，表达的感情也非常微妙复杂。如招手致意，挥手告别，拍手称赞，拱手致谢，举手赞同，摆手拒绝，手抚是爱，手指是怒，手搂是亲，手捧是敬，手遮是羞等。手势的含义，或是发出信息，或是表示喜恶表达感情，能够恰当地运用手势表情达意，会为形象增辉。

常见手势有"OK"的手势、伸大拇指手势、"V"字形手势、伸出食指手势、捻指作响手势。

① "OK"的手势：拇指和食指合成一个圆圈，其余三指自然伸张。这种手势在西方某些国

家比较常见，但应注意在不同国家其语义有所不同。美国表示"赞扬""允许""了不起""顺利""好"；法国表示"零"或"无"；印度表示"正确"；中国表示"零"或"三"两个数字；日本、缅甸、韩国则表示"金钱"；巴西则是"引诱女人"或"侮辱男人"之意；地中海的一些国家则是"孔"或"洞"的意思，常用此来暗示、影射同性恋。

② 伸大拇指手势：大拇指向上，在说英语的国家多表示祈祷幸运或是搭车之意；在我国表示夸奖和赞许，意味着"好""妙""了不起"等。

大拇指向下，在我国意味着"向下""下面"，在英国、美国等表示"不能接受""结束"的意思。

③ "V"字形手势：伸出食指或中指，掌心向外，其语义主要表示胜利，掌心向内，在西欧表示侮辱、下贱之意，这种手势还时常表示"二"这个数字。

④ 伸出食指手势：我国以及亚洲一些国家表示"一""一个""一次"等；在法国、缅甸等国家则表示"请求""拜托"之意。在使用食指手势时，一定要注意不要用食指指人，更不能在面对面时用食指着对方的面部和鼻子，这是一种不礼貌的动作，容易激怒对方。

⑤ 捻指作响手势：就是用手的拇指和食指弹出声响，其语义或表示高兴，或表示赞同，或是无聊之举，有轻浮之感。应尽量少用或不用这一手势，因为其声响有时会令他人反感或觉得没有教养，尤其是不能对异性运用此手势，这是带有挑衅、轻浮之举。

5. 表情

表情是人内心的情感在面部、声音或身体姿态上的表现。当外部客观事物以物体的、语言的、行为的方式刺激大脑时，人就会产生各种内在反应即情感，这种情感会通过人体相应的表情呈现出来，表现在人的面部、身体、姿态、声音上。

① 眼神：眼睛是人体传递信息最有效的器官，它能表达出人们最细微、最精妙的内心情思，从一个人的眼睛中，往往能看到他的整个内心世界。一个良好的形象，眼睛应是坦然、亲切、和蔼、有神的。特别是在与人交谈时，眼睛应该是注视对方，不应该躲闪或游移不定。在整个谈话过程中，目光与对方接触累计应达到全部交谈过程的50%～70%。人际交往中诸如呆滞的、漠然的、疲倦的、冰冷的、惊慌的、敌视的、轻蔑的、左顾右盼的目光都是应该避免的，更不要对人上下打量、挤眉弄眼。

② 微笑：笑有很多种，轻笑、微笑、狂笑、奸笑、羞怯的笑、爽朗的笑、开怀大笑、尴尬的笑、嘲笑、苦笑等，其中微笑是最美的。微笑是指不露牙齿，嘴角的两端略提起的笑。几乎没有人不会微笑，但有相当多的人不善于利用微笑。微笑是社交场合中最富吸引力、最令人愉悦，也是最有价值的面部表情。它可以与语言和动作相互配合起互补作用，它不但表现着人际交往中友善、诚信、谦恭、和谐、融洽等最美好的感情因素，而且反映出交往人的自信、涵养与和睦的人际关系及健康的心理。不仅能传递和表达友好、和善，而且还能表达歉意、谅解。微笑一般要注意四个结合。

a. 口眼结合，要口到、眼到、神色到，笑眼传神，微笑才能扣人心弦。

b. 笑与神、情、气质相结合，这里讲的"神"，就是要笑得入神，笑出自己的神情、神色、神态，做到情绪饱满，神采奕奕；"情"，就是要笑出感情，笑得亲切、甜美，反映美好的心灵；"气质"就是要笑出谦逊、稳重、大方、得体的良好气质。

c.笑与语言相结合,语言和微笑都是传播信息的重要符号,只有注意微笑与美好语言相结合,声情并茂,相得益彰,微笑服务方能发挥出它应有的特殊功能。

d.笑与仪表、举止相结合,以笑助姿、以笑促姿,形成完整、统一、和谐的美。

三、仪容修饰

仪容,即人的容貌(相貌、长相),是指包括一个人的头发、脸庞、眼睛、鼻子、嘴巴、耳朵等,也包括手掌、手臂等在内。虽然美的容貌在很大程度上是依赖于遗传的,但它也不完全是天生的。后天的努力、适当的修饰以及保养,也有举足轻重的作用。同时,只有心情舒畅,并保持积极向上的、健康的精神状态,才会使之趋于完美。俗话说"三分长相,七分打扮"就是这个道理了。

仪容美的基本要素是貌美、发美、肌肤美,主要要求整洁干净。美好的仪容一定能让人感觉到其五官构成彼此和谐并富于表情;发质发型使其英俊潇洒、容光焕发;肌肤健美使其充满生命的活力,给人以健康自然、鲜明和谐、富有个性的深刻印象。

1. 仪容修饰的原则

① 自然原则:是指仪容不应是矫饰的、造作的,而是自然的。

② 美化原则:是指仪容要达到美化自身的目的。

③ 协调原则:是指仪容要与体型、服装服饰、职业、年龄、场合等相协调。

④ 礼貌原则:是指仪容修饰应相互愉悦、礼敬于人,在进行职业仪容修饰时,要遵循礼貌规范。

⑤ 健康原则:是指在完善自身仪容时要注重身心健康、内外兼修,从而真正做到表里如一、秀外慧中。

2. 仪容修饰的基本要求

① 仪容应当干净:要勤洗澡、勤洗脸,脖颈、手都应要干干净净,并经常注意去除眼角、口角及鼻孔的分泌物。要换衣服,消除身体异味,有狐臭要搽药品或及早治疗。

② 仪容应当整洁:整洁,即整齐洁净、清爽。要使仪容整洁,重在持之以恒,这与自我形象的优劣关系极大。

③ 仪容应当卫生:讲究卫生,是公民的义务,注意口腔卫生,早晚刷牙,饭后漱口,不能当着客人面嚼口香糖;指甲要常剪,头发按时理,不得蓬头垢面,体味熏人,这是每个人都应当自觉做好的。

④ 仪容应当简约:仪容既要修饰,又忌讳标新立异、"一鸣惊人",简练、朴素最好。

⑤ 仪容应当端庄:仪容庄重大方,斯文雅气,不仅会给人以美感,而且易于使自己赢得他人的信任。相形之下,将仪容修饰得花里胡哨、轻浮怪诞,是得不偿失的。

3. 发式美化的原则

发式是仪容的重要组成部分,也是一个亮点,头发整洁、发型大方是个人礼仪的基本要求。发式的选择要与脸型、肤色、体型相匹配。脸长者不宜梳过短的头发,脸短者头发不宜留得过长,高个子头发可以梳得蓬松些,矮个子就不能梳成大发式。肤色黑的人不宜留披肩发。发型的选择还要考虑气质、职业、身份等因素。不同性别、年龄、职业、身份,应该有不同的发式。

发式不能追求时髦和标新立异，怪异的发型是不符合工作礼仪规范的。发型的选择可以听听专业人士的意见，如有必要，还可以请发型师好好设计一下。

4. 面容美化的原则

面部的美化是仪容修饰的重点。由于性别的差异，面部的美化，男女之间有不同的侧重点和要求。

男性面部的美化以整洁干净为基本要求，重点是修面剃须。除了老年人或职业需要，一般不要蓄须，即便是蓄须，也要经常修剪，保持整洁大方。

女性面部的美化除了通过外科手术改变容颜外，主要是通过化妆进行美化，女性化妆重点是妆式问题，就是化妆的浓淡。职业女性一般适宜化淡妆，略施粉黛，显得清新淡雅，上班时间不能浓妆艳抹，出席晚会之类的活动，才可以化浓妆。在国外，正式场合女性不化妆会被视为不礼貌。

化妆中的礼仪有以下几点：一是不非议他人的化妆，由于文化、肤色等差异，以及个人审美观的不同，每个人化的妆不可能是一样的，切不可对他人的化妆品头论足；二是不当众化妆或补妆，需要的话只能在卧室、化妆间或洗手间完成，化完妆是美的，但化妆的过程则实在不雅观；三是化妆要视时间、场合而定，在工作时间、工作场合只允许化工作妆（淡妆），浓妆只有晚上才可以，外出旅游或参加运动时，不要化浓妆，否则在自然光下会显得很不自然；四是不借用他人的化妆品，这不仅不卫生，也不礼貌；五是吊唁、丧礼场合不可化浓妆，也不宜抹口红。

5. 手部美化的原则

手部也是人体引人注目的部位，需要做必要的修饰。要保持双手的清洁，养成经常洗手的习惯，清洁柔软的双手能给人好感。要经常修剪指甲，保持手指的清洁，有些女性喜欢涂抹指甲油，使用得当可以达到美化效果，但是颜色不能过艳、过重。

此外，仪容修饰还有颈部、脚部、手臂等未被衣服遮掩的部位。这些部位的适当修饰，也可以增强美化形象的效果。

四、服饰礼仪

服饰也称仪表，是指人的穿着，饰品佩戴。服饰是人体的软雕塑，在人物形象中起着决定性作用，从一定程度上看，形象设计实际就是人与服饰的构成。莎士比亚说："一个人的穿着打扮，就是他的教养、品位、地位的最真实的写照。"服饰是一种文化，它可以反映一个民族的文化素养、精神面貌和物质文明发展的程度。服饰又是一种语言，它能反映出一个人的社会地位、文化修养、审美情趣，也能表现出一个人对自己、对他人以至于生活的态度。服饰一般包括服装、领带、帽子、手提包、项链等。礼仪交往中，仅限于行为的彬彬有礼是远远不够的，还要讲究服饰礼节，在不同的场合以不同的服饰形象出现，会给人留下良好的印象。

1. 服饰的表征意义

① 服饰是一种历史符号：从服饰的质地、色彩到款式造型会显现出一个时代的特征。

② 服饰是一种社会符号：虽然每个人都希望穿出自己的个性，但均能从服饰上反映出其社会角色、社会地位等社会公众的共性要求。

③ 服饰是一种审美符号：服饰是现代人满足自我审美要求的手段，也是展现自我形象的最

好方式。

④ 服饰是一种情感符号：服饰具有情感属性，作为无声的语言，服饰装扮能流露出一个人的情感倾向和其他信息。

⑤ 服饰是一种个性符号：服饰具有强烈的个性特点，往往能传达出一个人的个性、爱好和心理态度等多种信息，从而展示出个性。

2. 服饰礼仪的原则

生活中的服饰非常重要，它反映出一个人的精神状态和礼仪素养，是人们交往中的"第一形象"。服饰礼仪一般应遵循以下原则。

① TPO原则：是指服饰装扮应根据时间、地点、场合的变化而相应变化，使服饰与时间、环境氛围、特定场合相协调。TPO原则是目前国际上公认的衣着标准，服饰遵循了这个原则，就是合乎礼仪的。

② 个性原则：是指服饰装扮要与个人的性格、年龄、身材、爱好、职业等要素相适宜和协调，力求反映一个人的个性特征，选择服饰的着重点在于展示所长，遮掩所短，显现独特的个性魅力和最佳风貌。现代人的服饰呈现出越来越强的表现个性的趋势。

③ 整体原则：是指服饰装扮先着眼于人的整体，再考虑各个局部的修饰，服饰的整体美构成，包括人的形体、内在气质和服饰的款式、色彩、质地、工艺及着装环境等。服饰美就是与人自身的诸多因素之间协调一致，使之浑然一体，营造出整体风采。

④ 适度原则：是指服饰无论在服装数量和装饰技巧上，还是在装扮程度上都应把握分寸、自然适度，追求虽刻意雕琢而又不露痕迹的效果。

⑤ 整洁原则：是指服饰在任何情况下都应该是整洁的，衣服不能沾有污渍，不能有开线的地方，更不能有破洞，扣子等配件应齐全，衣领和袖口处尤其要注意整洁。

3. 几种场合的服饰礼仪

一般而言，商务着装，应庄重保守；社交着装，宜时尚个性；休闲着装，可舒适自然。此外，参加各种活动，进入室内应摘帽、脱去大衣和风雨衣。男子在室内不能戴帽子和手套，不戴墨镜。不管天气多么热，都不能当众解开衣扣和脱衣。出席社交活动，还可根据不同场合和要求，搭配胸花、手帕、戒指等饰物。除不能穿背心、汗衫、拖鞋上班或出入公共场所外，正式场合，男女都不宜穿短裤。

① 男性的西装礼仪：男性穿着西装时，要注意衬衫、领带、鞋袜和公文包之间的相互协调搭配，尤其是要注意礼仪界所谈的三个"三"原则，即三色原则、三一定律和三大禁忌。三色原则就是全身的颜色不能多于三种，包括上衣、下衣、衬衫、领带、鞋子、袜子在内；三一定律就是重要场合穿西装、套装外出，身上有三个部分应保持一致，鞋子、腰带、公文包应为同一颜色，而且首选黑色；三大禁忌就是忌穿没有拆袖标的西装，忌穿尼龙丝袜、白色袜等，忌穿夹克、穿衬衫打领带。

② 女性的服饰礼仪：最能展现女性魅力的服装是裙子，一条恰到好处的裙子能够最充分地增加女性的美感和飘逸的风采。女性的服饰要做到服装整洁平整，整洁并不完全为了自己，更是尊重他人的需要，这是良好仪态的开始；做工上要精细，针脚应直且无明显痕迹，底边、拉链都应平直，纽扣孔与纽扣相吻合且紧凑；服饰配套要齐全，除了主体服装之外，鞋袜手套等

的搭配也要多加考究；色彩搭配要合理，不同色彩会给人不同的感受，有的显得庄重严肃，有的使人显得轻松活泼，可以根据不同需要进行选择和搭配；巧妙地佩戴饰品不仅能增添色彩，还能够起到画龙点睛的作用，但佩戴的饰品不宜过多，否则会分散他人的注意力，佩戴饰品时，应尽量选择同一色系，并与整体服饰搭配统一起来。

五、礼仪界域

从生物学的角度看，每一个生命都有自己的领空，人们叫它"生物圈"。一旦异物侵入这个范围，就会使其感到不安并处于防备状态。美国心理学家罗伯特·索默经过观察与实验认为，人人都具有一个把自己圈住的心理上的个体空间，它像生物的"安全圈"一样，是属于个人的空间。一般情况下每个人都不想侵犯他人空间，但也不愿意他人侵犯自己的空间。双方关系越亲密，人际距离就越短，反之，人际距离就越大。

美国人类学家和心理学家霍尔将人类的交往空间划分为四种区域，这就是所谓社交中的界域语。

1. 亲密距离（0～45cm）

亲密距离又称亲密空间，其语义为亲切、热烈。只有关系亲密的人才可能进入这一空间。如夫妻、父母、子女、亲友等。亲密距离又可分为两个区间，其中0～15cm为亲密状态距离，常用于爱情关系，亲友、父母、子女之间的关系；16～45cm为亲密疏远状态，身体虽不相接触，但可以用手相互触摸。由于文化与风俗习惯的不同，对亲密距离的把握东西方略有差异（图5-22）。

2. 个人距离（46～120cm）

其语义为"亲切、友好"。语言特点是语气和语调亲切、温和，谈话内容常为无拘束的、坦诚的。比如个人私事，在社交场合往往适合于简要会晤、促膝谈心或握手。这是个人在远距离接触所保持的距离，不能直接进行身体接触。个人距离的接近状态为46～75cm，可与亲友亲切握手，友好交谈；个人距离的疏远状态为76～120cm，在交际场所任何朋友、熟人都可自由进入这一区间（图5-23）。

3. 社交距离（121～360cm）

其语义为"严肃、庄重"。这个距离已超出了亲友和熟人的范畴，是一种理解性的社交关系距离。社交距离的接近状态为121～210cm，其语言特点为声音高低一般，措辞温和，它适合于社交活动和办公环境中处理业务等；社交距离的疏远状态为211～360cm，其语言特点为声音较高，措辞客气，它适用于比较正式、庄重、严肃的社交活动，如谈判、会见客人等（图5-24）。

图5-22 亲密距离

图5-23 个人距离

4. 公共距离（360cm以上）

这是人们在较大的公共场所保持的距离，其语义为"自由、开放"。语言特点为声音洪亮，措辞规范，讲究风格，它适用于大型报告会、演讲会、迎接旅客等场合（图5-25）。

图5-24　社交距离

图5-25　公共距离

在人际交往中，空间距离（界域语）显示了交往关系的亲疏，其表现形式是多种多样的，例如从座位的安排上就体现得淋漓尽致，具体有桌角座次、合作座次、竞争座次和独立状态四种表现形式。

六、气质风度

礼节形式与礼貌语言只传达了"礼"的信息的一半，另一半则靠气质风度等来传达，来构成一个彬彬有礼、有教养的统一形象。所谓气质是指人相当稳定的个性特点，风度是指人的言谈举止，有一种较高层次的展现。也就是说气质是内在美的性格特点的表现，它是经过长时间的修养、陶冶而形成的，并随着时间的推移而日臻完善，风度受气质影响，是人内在精神的自然流露。气质与风度唯有相依相融才能使人溢彩流光（图5-26）。

1. 气质

气质一般指人的相对稳定的个性特点、风格和气度。是一个人内在涵养或修养不由自主外露，是在不断提高知识水平、加强品德修养、完善自己的人格，逐渐让自己的生活丰富起来，由内向外散发的难以言说的气质，不是随便什么人都能有的。气质可以分为不同的类型，传统的气质类型有多血质、胆汁质、黏液质、抑郁质四种。

① 多血质的人一般表现为精力旺盛，情绪易冲动，反应迅速，不甘寂寞，善于交际。其显著特点是有很高的灵活性，容易适应变化的生活条件。

② 胆汁质的人一般表现为精力过人，不易疲劳，争强好胜，不怕挫折，大喜大怒。其显著特点是有很高的兴奋性，行为上表现出不均衡性。

③ 黏液质的人一般表现为安静稳重，交际适度，反应缓慢，沉默寡言，善于克制自己，情绪不易外露。其显著特点是安静、均衡。

图5-26　气质类型

④ 抑郁质的人一般表现为孤僻，不太合群，观察细致，非常敏感，表面腼腆、多愁善感，行动迟缓、优柔寡断，具有明显的内倾性。

2. 风度

风度是人们在一定程度上的思想修养和文化涵养的外在表现，它的美是通过人的外在行为如表情、语言、心态等方面而显现出来的。风度是对人之美的一种综合的、高层次的评价。优美的风度令人向往和羡慕，但风度不是与生俱来的，而是靠后天的培养和训练。只有心灵高尚、行为美好的人，风度才能如影随形、翩翩而至。所以，要具有美好的风度，重要的是内外修炼，铸造完美的形象。美好的风度来自优秀的品格，有了优秀的品格，才有照人的风度。优秀的品格，人人钦佩。

风度与人的气质有关，与人的职业和年龄有关，与人的素质和修养有关，也与生活品质有关。风度是人在工作及交际中举止、言谈、姿态、作风、服饰所体现出来的特定的风格，是一种外在形象。如果说气质的美属于一种精神美、内在美；那么风度的美则是一种韵致美、外表美。

风度需要的是自知之明，审度自己，不埋没，也不夸张，即使对自己的风度有较高的企求，也不能超离自我而"拔苗助长"。风度还离不开经验，所谓经验，一是技术的，二是心理的。风度总是伴随着礼仪，一个有风度的人，必定谙知礼仪的重要，即使是气质粗犷，冷峻的人，他们一般也不会择取无礼粗鲁的自我形象。

复习思考题

1. 什么是化妆设计？
2. 什么是"三庭""五眼"？
3. 什么是服装设计三要素？
4. 什么是仪态？
5. 什么是礼仪界域？礼仪界域的划分有哪几种？
6. 什么是气质？气质的类型有哪些？
7. 简述发型的设计要素。
8. 简述发型与脸型的关系。
9. 简述化妆设计的意义与作用。
10. 简述局部形体不完美的款式选择。
11. 简述服饰色彩的搭配方法。
12. 简述仪态塑造的意义。
13. 简述礼仪的作用与意义。
14. 简述标准的站姿、坐姿和走姿。
15. 简述常见的手势种类及特点。
16. 简述微笑一般要注意的四个结合。
17. 化妆设计中色彩搭配方法有哪些？
18. 服饰礼仪一般应遵循的原则有哪些？
19. 试述发型在形象设计中的地位与作用。
20. 试述怎样才能体现一个人的良好风度？

第六章 / 形象设计的程序

学习目标

通过本章学习，使学生了解形象设计的基本程序，掌握形象设计的构思、定位和立体实施的步骤、方法与过程。

形象设计一般要通过第三者来体现构思，并经过工艺制作过程来完成。作为综合设计的一种，形象设计是一个设计师与设计对象双向交流、经过沟通而达到双方满意的过程，同时也是设计师综合运用专业知识和专业技能，调动一切设计技巧和设计要素，展现艺术创作才华的过程。形象设计的程序也就是设计过程，包括形象设计的构思、定位和立体实施三个过程。

第一节　形象设计的构思

构思是指作者在写文章或创作文艺作品过程中所进行的一系列思维活动。包括确定主题、选择题材、研究布局结构和探索适当的表现形式等。在艺术领域里，构思是意象物态化之前的心理活动，是眼中自然转化为心中自然的过程，是心中意象逐渐明朗化的过程。形象设计从属于艺术的大范围之中，却有着它鲜明的独特性。

形象设计构思是形象设计的基础，合理性和个性化的构思是形象设计的第一步，也是贯穿于形象设计全过程的创造性活动。形象设计是一项综合性、创造性的工作，没有好的构思，就无从谈起好的设计效果。

一、构思灵感的来源

形象设计构思灵感的来源多种多样，有"灵机一动、计上心来"的突发式灵感，有与设计本身不相干的事物把记忆中保存的某些信息诱发出来的诱发式灵感，有通过联想而达到由此及彼、触类旁通地解决问题的联想式灵感，有受提示和启发而产生新思想、新观点、新假设、新方法的提示式灵感等。形象设计并不是有了一个灵感，一切问题就都解决了。一个灵感一般只会解决一方面的问题。形象设计是由多方面构成的综合性设计，要逐步解决各方面的问题，就需要根据设计对象实际确定构思灵感。

1. 触发灵感

有些构思最初并没有十分明确的设计意向，而只是大脑处在设计思维的状态之中，"无心插柳柳成荫"的结果。这样的构思主要在于灵感的闪现。灵感是形象设计思维过程中经常遇到的思维现象，任何形式的形象设计都离不开灵感的促进作用。只是灵感可遇而不可求，往往带有突发性、灵活性的特点，常常让人感到捉摸不定，难以把握。

2. 确定形式

就是最初的灵感出现以后，要找到相应的表现形式，从而为后发的灵感提供一条思维线索。另外，灵感既有突发性，也有片面性。偶发的灵感大都需要调整和完善，还需要深入地思考才能应用在设计对象上。

3. 理性体验

在设计思维的深入阶段，构思更强调理性的参与。理性的认识和思考，可以使构思更客观，更符合实际制作。要学会用发型、化妆、服饰搭配等全过程去体会设计效果，要用造型后的状态去验证设计结果。只有这样，构思才不是幻想和空想，设计才能准确，效果才会合理、完善。

4. 感性回归

形象设计是艺术，是一门需要实际操作和实物制作相结合的艺术，因此，形象设计需要理性，更需要创作的激情，需要人的直觉和即兴发挥。在实际操作和实物制作过程中，设计的激情和情感，或多或少地要受到技能、材料和工艺手段的限制，但这并非意味着就忽视了人的情感。在设计构思趋向完成阶段，还应回到最初的感受状态之中，回味一下当时的情境和情绪，以观察现在的设计是否表现出来。若与设想存有较大出入，就要探究一下原因，或者改用其他形式，重新构思。

二、引发构思的过程

形象设计中引发构思的过程有目标定位、寻找切入点、充实细节、总体完善四个方面。

1. 目标定位

形象设计大都先有一个大的目标、一个设计主题、一个设计意图或一个设计对象等。但这只是一个大体的方向，对于形象设计构思来说，首先要进行目标定位，即通过对主题、对意图或对设计对象的需要等已经掌握的诸多因素，进行详细的分析和研究。排除与设计无关的因素，缩小并划定一个较为具体的范围，使自己的思维变得清晰和明确。

2. 寻找切入点

切入点也就是构思的"落脚点"。它既是设计构思展开想法的起点，也是使抽象而空泛的思维转化为生动而具体的形象思维的转折点。有了这个具体而形象的"点"，也就找到了思维的突破口，也就是通常所说的"有想法了"。设计构思就能在这个"想法"的基础上，以点带面，铺陈开来。

3. 充实细节

找到了切入点以后，并不是明确了形象的全部，而只是有了一个点。要想完成整体形象设计构思，还需把点连成线，把切入点当作构思的起点，按着目标深入细致地把与点有关的事物串联起来；再把线变成面，就是由切入点展开联想和想象，把已获得的各种信息进行综合和加工，从而构造清晰明确的形象。

4. 总体完善

就是把思维的重点和构想的注意力，从各个局部细节转移到整体形象上来，再从整体着眼，重新审视各个局部之间的总体关系和所构成的总体效果。主要包括两个方面：一是从形象的"形"上去观察发型、化妆、服饰之间，以及三者与人体之间的关系；二是从形象的"色"上考虑发型、化妆、服饰和肤色的搭配关系。

三、设计主题的确定

形象设计的思维是创造性思维，形象设计必须新颖，否则就会被遗忘。如何创造新主题是每个形象设计师都要思考的问题，成功的设计应走在潮流的前面而不是随波逐流。要使作品充满活力和新意，就要求设计师更加注意对周围事物的观察，通过现象看本质，全方位地感受、体验、更新设计观念。形象设计要有它的时代气息，关键一点是如何用新的语言形式去表现。寻找源于生活和生活需求的设计通常可以利用以下四种渠道来收集新主题的素材。

1. 情感意念物态化

以大自然的形象为素材，经提炼，在设计组合上利用自然物的音、义、形等特点，表达特定的情感意念，使自然形象的本来意义升华或变异，成为一种有意味的设计形式；以姊妹艺术（绘画、雕塑、建筑、音乐的形式以及花卉、景色、面料质地、性格的体现等）的感应，以及新材料的启迪为素材来获取灵感，以其相同的内在结构、同质同构或异质同构，来获取创造源泉。

其中，寓意、象征和想象是重要的表现手法。寓意是借物托意，以具体实在的形象寓指某种抽象的情感意念；象征则是以彼物比此物的方法；想象是思想的飞跃，是感情的升华，想象使现实生活增加内容，使具象成为抽象。

2. 借鉴他人的经验

设计中可以借鉴他人作品的某一局部、某一表现手段。借鉴即为拿来后再结合，也就是打破一种和谐重新塑造一种新和谐。他人作品的各个局部是其整体和谐的组合因素，取其局部就必须像果树嫁接一样，使其成为新整体的有机部分，构成新的秩序。

3. 民族形象的内涵吸收

复古的倾向和传统精华的继承都可成为佳作或时尚。中华民族中富有机能性的要素和独特的形象要素，以及世界各地的先进因素都可以吸收到所设计的形象中来，使自己的创造得到发展。

4. 文化、社会和科技的发展对审美观念的冲击

这种线索常常隐藏于文学作品、哲学观念、美学探求等意识形态之中。当"生命在于运动"的口号遍及天下时，运动形象、休闲形象就成为一种风尚，如此种种无不体现出创造需紧密联系时代。

四、设计构思的表达

形象设计是一个艺术创作的过程，是艺术构思与艺术表达的统一体。设计师一般先有一个构思和设想，然后收集资料，确定设计方案。其方案主要内容包括：形象风格、主题、造型、色彩、材料、饰品的配套设计等。同时对内结构设计以及具体的成型过程等也要进行周密严谨的考虑，以确保最终完成的形象能够充分体现最初的设计意图。形象设计构思的表达方式是绘制设计图，形象设计图的内容包括整体形象效果图、头面部的发型和化妆效果图、创意说明三个方面。

1. 整体形象效果图的内容和表达方式

整体形象效果图和服装效果图的表达形式几乎一样，都是采用写实的方法准确表现人的整体形象效果。采用八头身的体形比例，以取得优美的形态感。形象的新意要点（重点是服饰）要在图中进行强调。整体形象效果图的模特采用的姿态以最利于体现设计构思和整体效果的角度和动态为标准，要注意掌握好人体的重心，维持整体平衡。整体形象效果图可用水粉、水彩、素描等多种绘画方式加以表达，要善于灵活利用不同画种、不同绘画工具的特殊表现力，表现变化多样、质感丰富的材料和服饰效果。整体形象效果图要求人物造型轮廓清晰、动态优美、用笔简练、色彩明朗、绘画技巧娴熟流畅，能充分体现整体设计意图，给人以艺术的感染力（图6-1）。

2. 头面部的发型和化妆效果图

一幅完美的形象设计图除了整体形象效果图外，还应有头面部的发型和化妆效果图，因为形象设计的构成中，发型和化妆的地位也不能忽视，外在形象的设计最终还是要通过发型、化妆、服饰来完成的，形象设计图的特殊性在于表达整体形象设计的同时，要明确提示发型、化妆的造型结构、色彩、质感和装饰。头面部的发型表现手法可以用水粉、水彩、素描等多种绘

图6-1 整体形象效果图

画方式加以表达，化妆最好用素描加彩妆的方式，细节部分要仔细刻画。一般以半侧面，这样既容易表达发型前后侧的整体效果，也不影响化妆效果的表现（图6-2、图6-3）。

   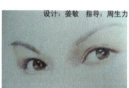  

图6-2 发型效果图　　　　　　　　　　图6-3 化妆效果图

3. 创意说明

有时仅依靠形象设计图难以说明形象设计的创意，因此，在整体形象效果图、头面部的发型和化妆效果图完成后还应附上必要的创意说明，如设计对象、设计主题、实操要点、材料的选用要求以及装饰方面的具体问题等，也可从发型、化妆、服饰、仪态塑造和整体效果进行说明，用图文结合的形式，全面而准确地表达出设计构思的效果。

此外，如若服装是设计定做的，在形象设计效果图上还应表现出服装的平面图，包括具体的各部位详细比例，服装内结构设计或特别的装饰，平面结构图应准确工整，各部位比例形态要符合服装的尺寸规格，一般以单色线勾勒，线条流畅整洁，以利于服装结构的表达，并附上面料小样。

第二节　形象设计的定位

一、形象设计定位的含义

形象设计的定位，就是根据形象观察与了解的内容、原型分析与确定的结果，找出并确定形象主体在相关公众心目中，区别于其他形象主体的形象特色或个性，为今后形象设计提供依据的方案。只有"万绿丛中一点红"的形象才是成功的、丰满的、有魅力的形象，假如"千人一面"，就没有什么特色或个性，也不会有吸引力。形象设计不是短期行为，而是长期、持续性的形象塑造系统。

准确的形象设计定位具有十分重要的现实意义，它是设计师在对个性、性格、价值观、兴趣、性别、职业、年龄等因素综合分析的基础上，从有利于设计对象的角度出发，确定形象设计的方向、目标，从而塑造出独具个性魅力的形象。

二、形象的观察与了解

1.形象的观察

观察是一种有目的、有计划、比较持久的知觉活动。所谓形象观察，是设计师根据设计主题和题材仔细察看设计对象的外貌特征，获得初步资料的过程，包括身高、体型、头形、五官、肤色等，这要求设计师的眼光要独特、敏锐，能在短时间内发现最能体现设计对象外表所提示的所有信息，观察的任务就是在原有形态的基础上设计出令人满意的新形象。由于主题不同，观察的着眼点也各有侧重。

2.形象的了解

再好的外在形象没有内在素质的支撑，也会显得缺乏生命力。要塑造一个好的形象，形象观察还应同语言交流相结合，才能深入了解设计对象，因此，设计师在设计前还应根据主题和设计对象的实际，进行充分的沟通了解，通过语言交流可以了解到设计对象的生活、工作、现实环境、内心世界、性格、爱好、家庭情况、职业特点、年龄、设计目标等。设计对象的外在形象是一目了然，而内在因素要复杂得多。设计师在确定设计对象外貌特征的前提下，只有深入了解设计对象的内在气质，以内在气质为基础修饰外在形象，才能更好地完成一个新形象的塑造。

三、形象的原型分析与确定

形象设计是利用造型的形、色要素，将其不完美的地方修改，发扬优点，弥补缺憾。通过观察与了解取得初步结论后，就要进行形象分析与确定。对设计对象的分析与确定主要有以下几个方面。

1.设计对象的固有色分析

正确判断出设计对象的固有色是至关重要的，固有色是通过肤色、头发、瞳孔判断出的，设计对象的固有色确定将直接关系到妆色、服装色的选择与应用。

2. 设计对象的脸型分析

设计对象的脸型分析包括脸型特点、五官情况、皮肤特征、骨骼成相等。因为化妆设计方案的确定，只有在脸型分析后才能正确地进行实际操作。

3. 设计对象的发型分析

设计对象的发型分析包括头型、脸型、头身比例、发质、发色等。这是确定发型设计和实际操作的前提。

4. 设计对象的身型比例分析

设计对象的身型比例分析是指身高、体型、三围尺寸，以及人体的轮廓给人的视觉印象等。在服饰装扮前对设计对象的身型比例有所了解和把握，对确定服装造型和饰品选择有很直接的关系。

5. 设计对象的气质倾向分析

设计对象的气质倾向是形象设计中较难把握的，它蕴含在一种无可言表的气质感受中。它的分析与确定要靠设计师仔细的观察、倾听，以及有针对性的交谈才能获得。

四、整体形象的定位

通过对设计对象的观察、了解及原型的分析，在外形上为设计对象选定一个最佳方案作为设计的定稿，将设计对象定位在某一类型上。当然，这一形象只是一个提示，并不一定是唯一的、永久的，是受一定条件限制的，不能生搬硬套，还要根据时间、地点、场合等的不同灵活运用。具体来讲，形象设计的定位主要有以下几个方面。

1. 特色定位

特色定位也称个性定位，即通过突出设计对象的特色，强调其独特之处，力图对相关公众造成强烈的感知冲击，从而达到吸引公众的目的。这种特色可以来自设计对象的各个方面，如性格特色、特长、外在形象特色等。形象设计的目的就是找到能代表个性的设计语言，从而让设计对象的个性特点更为突出。

2. 对比定位

对比定位也称职业定位，就是在为设计对象进行形象设计时，根据设计对象的具体职业、年龄段和单位性质等，有意地对照处于同一职业、年龄、单位等的人，或是从不同职业的特点中有所区别，从而让设计对象的形象类型更为明显和清晰。

3. TPO定位

TPO定位是根据TPO原则而进行的形象设计定位，即时间、地点、场合，甚至事由，TPO原则既是有关服饰装扮的重要原则，也是形象设计的基本原则。不同的时间、地点、场合及事由，决定了形象设计的定位不同，只有根据设计对象的不同需求，才能设计出同环境等相和谐的形象。

4. 导向定位

即根据设计对象（重点是公众人物）自身的特点和条件，在调查和统计数据的基础上，比较准确地确定出设计对象的主要支持公众群，并由此提出专门针对该类公众群进行形象设计定位的方法。利用这种方法的主要目的是为了在稳定和扩大主要公众群的同时，进一步地提升设计对象的知名度和影响力，从而也间接地增加对非主要公众的吸引力。

第三节　形象设计的立体实施

形象设计的立体实施是在经过形象设计的构思和定位的环节后，在人体上通过实际操作的方式，来具体表现和展现创意目的的过程。这一实施过程，既可以由形象设计师一人完成，也可以由设计师指挥或带领发型师、化妆师、服装师和仪态指导一起来完成。

一、立体实施的过程

在具体实施时可继续修改一些小的细节，在已经定位的前提下，根据不断变化的外部条件设计出最佳形象。立体实施的过程包括材料准备和实操顺序两个方面。

1. 材料准备

材料准备在立体实施的实际操作中相当重要，不同材料的应用会带来不同的设计感觉。材料准备的过程既是对设计构思和定位的再完善，也是产生新的创意火花的过程，应用好这一过程，能使设计的结果更为完美和充满新意，为完成最终形象的塑造打下坚实基础。

2. 实操顺序

立体实施的实操顺序，基本上遵循形象设计的构成，首先是发型实操，其次是化妆实操，然后是服饰装扮，最后是体态塑造。

二、立体实施的进入方式

进行形象设计的立体实施，应随着不同的设计需求而采取不同的进入方式，如根据主题、根据创意、根据材料进入或是根据人物、根据职业、根据场合进入等。

1. 根据主题进入

形象设计一般是先有了明确的主题后才开始进行的，在形象设计之前产生的主题，也可以称为形象设计的定位。一个主题去用形象表现出来，就是在形象上让观众看到所设计对象的定位结果。先有主题的设计常应用在电视节目主持人身上。

2. 根据创意进入

先有创意也是形象设计常用的进入方式，它是对一个人艺术能力的考验，是一个由抽象到具体的过程。从创意的角度设计形象，同艺术创作一样，它需要很多表达创意的专题设计，这时的发型、化妆、服饰等都有可能需要重新设计才能完成。发型、化妆、服装比赛都是典型的先有创意的设计（图6-4～图6-6）。

3. 根据材料进入

先有材料就是从感受某种材料的气息而构想的形象设计，材料艺术已经渗透到形象设计的方方面面，头饰、首饰、服饰、化妆无所不在，重视材质与风格的作用，把现代艺术中抽象、夸张、变形等艺术表现形式，溶于材料的再创造中去，充分使用自然界中的物质材料和再加工的手段，通过材料发挥与众不同的特色，可为形象设计的发展提供更广阔的空间（图6-7）。

图6-4　形象设计大赛创意

图6-5　毕业设计创意

图6-6　形象设计课程创意

图6-7　形象设计材料创意

4.根据人物进入

人是形象设计的直接载体,无论何种进入方式,最终都是通过人来展示的,所以先有人物是最重要、最经常,也是最自然的一种进入形象设计的方式。设计师根据人物进入时,要围绕人物的特质进行,把握设计对象已有的条件,开拓设计对象深层面的形象,这需要设计师必须具备一定的洞察力、独到的想象力和精湛的表现力,三者缺一不可。

复习思考题

1. 什么是形象设计定位?
2. 形象的观察主要观察设计对象的哪些情况?
3. 形象的了解为什么要重视语言的交流?
4. 简述引发构思的过程。
5. 简述设计构思的表达的方式。
6. 简述形象的原型分析与确定。
7. 简述整体形象的定位。
8. 简述形象设计立体实施的过程。
9. 试述形象设计立体实施的进入方式。

参 考 文 献

[1] Georges Vigarello. 人体美历史[M]. 关虹，译. 长沙：湖南文艺出版社，2007.

[2] 科斯格拉芙. 时装生活史[M]. 龙靖遥，张莹，郑晓利，译. 上海：东方出版中心，2004.

[3] Dominique Paquet. 镜子：美的历史[M]. 杨启岚，译. 上海：上海书店出版社，2001.

[4] Robin Bryer. 头发的历史[M]. 欧阳昱，译. 天津：百花文艺出版社，2003.

[5] Marie-Christine Auzou，等. 秀发丝语[M]. 童新耕，叶雪贤，译. 上海：上海译文出版社，2003.

[6] 李当岐. 服装学概论[M]. 北京：高等教育出版社，1998.

[7] 李当岐. 西洋服装史[M]. 北京：高等教育出版社，1995.

[8] 陆广厦，等. 服装史[M]. 北京：高等教育出版社，2000.

[9] 李芽. 中国历代妆饰[M]. 北京：中国纺织出版社，2004.

[10] 刘悦. 女性化妆史话[M]. 天津：百花文艺出版社，2005.

[11] 李秀莲. 中国化妆史概说[M]. 北京：中国纺织出版社，2000.

[12] 叶大兵，等. 头发与发式民俗[M]. 沈阳：辽宁人民出版社，2000.

[13] 鸿宇. 服饰[M]. 北京：宗教文化出版社，2004.

[14] 李子云，等. 美镜头：百年中国女性形象[M]. 珠海：珠海出版社，2004.

[15] 郗虹，等. 面部化妆与整体形象设计[M]. 北京：学苑出版社，2003.

[16] 柏玉华，等. 形象设计基础教程[M]. 南昌：江西科学技术出版社，2004.

[17] 柏玉华，等. 形象设计操作技能[M]. 南昌：江西科学技术出版社，2004.

[18] 李勤. 空乘人员化妆技巧与形象塑造[M]. 北京：旅游教育出版社，2007.

[19] 祝重禧. 服饰与造型[M]. 北京：高等教育出版社，2002.

[20] 姜勇清. 美容与造型[M]. 北京：高等教育出版社，2002.

[21] 苗莉，等.服装心理学[M].北京：中国纺织出版社，2000.

[22] 秦启文，等.形象学导论[M].北京：社会科学文献出版社，2004.

[23] 叶立诚.服饰美学[M].北京：中国纺织出版社，2001.

[24] 孔德明.形象设计[M].郑州：河南科学技术出版社，1999.

[25] 马建华.形象设计[M].北京：中国纺织出版社，2002.

[26] 顾筱君.21世纪形象设计教程[M].北京：机械工业出版社，2005.

[27] 赵平勇.设计概论[M].北京：高等教育出版社，2003.

[28] 肖彬.形象设计概论[M].北京：中国劳动和社会保障出版社，2004.

[29] 徐苏，等.服装设计基础[M].北京：高等教育出版社，2003.

[30] 于西蔓.女性个人色彩诊断[M].广州：花城出版社，2003.

[31] 刘丹.化妆师[M].北京：中国劳动和社会保障出版社，2007.

[32] 金正昆.商务礼仪[M].北京：北京大学出版社，2005.

[33] 金正昆.商务礼仪概论[M].北京：北京大学出版社，2006.

[34] 王红，等.职业女形象设计.广州：广东旅游出版社，2004.

[35] 向多佳.职业礼仪[M].成都：四川大学出版社，2006.

[36] 周生力.形象设计专业的特点及教学原则探析[J].吉林艺术学院学报，2007（2）.

[37] 吴旭，等.高职人物形象设计专业建设的探索与实践[J].辽宁高职学报，2006（5）.

[38] 白翠兰.高职形象设计专业建设的探索与实践[J].中国职业技术教育，2007（8）.